김종성 교수의
우리 바다 우리 생물

beto
OCEAN & REGION CONTENTS CREATOR

現代海洋

머리말

'바다 구하기'에 전 인류가 동참해야 할 때

　바다, 언제 어디서나 보면 볼수록 더 좋다. 특별한 이유가 없다. 그냥 좋아서 바다를 탐구하고 알아가고 기록하는 데만 30년이 훌쩍 넘었다. 그러다 우연한 계기로 바다를 알리는 일에 뒤늦게 뛰어들었다. 그렇게 몇 년 우리 바다와 우리 생물 이야기는 차곡차곡 쌓아졌다. 보람, 자긍심, 사명감도 그만큼 더 커졌고 이제 내게 '해양과학의 대중화'가 가장 큰 숙제가 됐다.

　이번 책은 〈현대해양〉『김종성 교수의 우리 바다 우리 생물』코너 24회 연재를 묶은 것이다. 더 정확히는 지난 10년 서울대 학부생 대상의 기초교양과목 '바다과학기행' 강연의 압축판이다. '바다의 가치', '해양생태계의 위기', '개발과 보전의 화두', '숙제와 도전'이란 4개의 연결된 테마로 구성했다. 지난 30년간 공부하면서 보고, 듣고, 알고, 생각하고, 느낀 내용을 담았다.

　과학도서란 점에서 '객관성'과 '전달력'에 중점을 두었다. 주장보다는 사실에 기반했고, 이론보다는 실제에 집중했음을 밝혀둔다. 바다의 가치, 보전 이유, 우리의 할 일에 대해서 과학적 사실과 이해를 바탕으로 '공감'을 끌어내고자 했다. 작가, 시인, 기자의 글과 같이 재미,

감동, 논리를 모두 갖추지 못했음이 못내 아쉽다.

최근 바다의 새로운 가치가 꽤 많이 알려졌다. 빙산의 일각일 수 있고 더 많은 연구가 필요하다. 그간 바다와 관련된 좋은 책들이 많았다. 그래서 이번 책은 '사례' 연구로 차별성을 두고 싶었다. 바다는 지금 아프고 화가 났다. 그리고 과거와 달리 너무 많이 변했고 앞으로도 그럴 것 같다. 기후변화와 해양생태계 붕괴란 '이중위기'는 우리의 지극한 현실이다.

바다의 미래가 궁금하다. 개발과 보전의 '딜레마'는 여전히 큰 숙제다. 그러나 '개발'만 내세우던 구시대적 발상과 명분은 이제 통하지 않는 시대가 됐다. 선택은 늘 우리의 몫이었다. 바다 알기를 넘어 바다 구하기에 전 인류가 동참해야 할 때다. 우리가 망가뜨린 바다, 우리 손으로 다시 건강한 상태로 돌려놔야 하는 것에 특별한 이유는 없을 것 같다.

2024년 9월, 저자 김종성
서울대 자연과학대학 지구환경과학부 교수

발간사

세계적 해양학자가 쉽게 풀어쓴 우리 바다 이야기

　2021년 9월부터 2023년 8월까지 '김종성 교수의 우리바다 우리생물'이라는 이름으로 현대해양에 연재했던 글을 정리·보완해 단행본으로 출간하게 되었습니다.

　김 교수님은 세계적으로 유명한 해양학자입니다. 지난 20여 년간 200여 편의 논문을 국제 학술지(SCI)에 게재했고 한국인 최초로 해양과학 분야 국제학술지 편집장이 되었으며 환경모니터링 분야 0.01% World Expert로 선정되기도 했습니다. 국내에서도 해양 분야 굵직한 국책연구과제들을 이끌고 있습니다. 연재를 조율할 즈음, 해양수산 종합전문지를 표방하는 '현대해양'의 발행인이자 편집인인 저는 김 교수님의 이러한 명성으로 인해 오히려 너무 학문적인 글이 나오지 않을까 하고 염려를 했습니다. 그러나 이런 걱정은 기우였습니다. 연재를 시작하기 전 첫 만남에서 김 교수님은 그동안 해양학 연구에 열중해 왔지만 이제는 일반 국민에게 우리 바다를 제대로 알리는 일도 하고 싶다며 글의 방향도 여기에 초점을 맞추겠다고 했습니다. 저로서는 쉽게 써 달라는 별도의 어려운 부탁을 하지 않아도 되었습니다.

　연재를 한참 진행 중에 교수님의 연구실을 방문한 적이 있습니다.

저녁 식사하며 술을 한 잔 곁들였는데 김 교수님의 우리 바다에 대한 깊은 애정과 해양 연구에의 불타는 열정을 엿볼 수 있었습니다. 2차로 연구실에 들러 바다 이야기를 이어 가다 보니 밤 11시를 훌쩍 넘겼습니다. 작별 인사를 하고 돌아서는데 김 교수님은 다시 연구실로 돌아가 논문을 써야 한다고 합니다. 이렇게 바쁜 나날을 보내는 그가 매달 '현대해양'에 오탈자 하나 없는 글을 보내오니 감사의 마음과 함께 혼신을 다하는 해양인을 만난 벅찬 감동이 밀려왔습니다.

저는 이 책을 우리 바다를 대상으로 한 깊이 있는 연구의 결과물이라는 것에도 의미를 두고 싶습니다. '우리 바다가 특별한 이유'를 시작으로 'K-갯벌의 경제적 가치', 'K-해양생물의 다양성', '제주 바다·울릉도·독도의 해양생물 다양성', '간척의 희생양 갯벌생물', 'K-철새의 처절한 비상', 'K-리빙 쇼어라인', '해양과학의 대중화 소명' 등 작자가 직접 연구해 과학적으로 증명한 우리 바다의 우수성과 소중함을 잘 정리한 보기 드문 해양과학 교양서입니다.

일반국민들에게 우리 바다를 제대로 알리고자 하는 김종성 교수의 노력과 도전에 '현대해양'이 함께하게 된 것을 큰 영광으로 생각하며 여러분의 많은 응원을 기대합니다.

현대해양 발행·편집인 송영택(수산해양정책학 박사)

추천사 1

'바다 사랑'의 진지한 마음 그대로 드러내

저자가 보낸 '우리 바다 우리 생물' 원고를 받고는 벅찬 감정에 늦은 밤까지 읽기를 계속했다. 그의 글은 힘이 있었고 읽을수록 긴장감이 더해갔다. 평생의 친구를 오래간만에 만나서 이야기꽃에 정신없이 빠져들던 기분이었다. 저자의 논문을 더 찾아 읽고 원고의 내용과 견주어 보면서는 자신이 치열하게 몰입했던 연구의 결과물에 기초해서 우리 바다의 상황을 설명하는 특별함을 마주할 수 있었다.

나는 이 책의 힘이 어디서 왔는가를 생각해 보았다. 저자는 그림, 표의 어디에라도 우리 바다에 천착했던 자신의 연구 결과를 배치하려 했다. '바다의 가치'라는 제1장에 실린 글들은 특히 힘이 있었다. 서해 갯벌의 이산화탄소 흡수량 연간 48만 톤, 생태계 서비스 가치의 계산, 갯벌의 정화 능력(마산 봉암갯벌 측정) 등이 모두 저자 자신이 억척스럽게 얻은 연구 결과의 펼침이었다. 우리 바다의 생물다양성 그림은 대형무척추동물에 관한 지난 50년간의 논문 128편을 읽고 재정리한 결과물이다.

'우리 바다 우리 생물' 책의 힘은 저자 자신의 연구 결과를 풀어 쓰면서 부여한 의미를 넘어서 '바다 사랑'의 진지한 마음을 그대로 드러냈다는 점에 있다. 우리 바다의 가치, 생태, 개발과 보전의 충돌 등의 논리 흐름에서 알 수 있듯이 인간 활동의 해양생태계 영향에 천착하며 가감 없이 그려낸 것은 책의 가치를 한층 더해준다. 갯벌, 간척, 해양오염, 해양쓰레기 등 아픈 현장의 모습에 부끄러워하며 반성하는 것은 해양의 건강성을 담보하는 지름길이다.

'치열했던 바다 연구 40년', 제4장을 읽으면 이 책이 가지는 힘의 근원을 유추할 수 있다. 저자가 속한 '해양저서생태학' 연구실은 1981년 출범 얼마 후에 '한국의 갯벌'에 대한 광범위한 연구를 시작했고 '새만금 반대 운동'에도 적극 참여했다.

간척 반대가 갯벌 보호로 바뀌는 1990년대에 학부와 대학원을 다녔던 저자가 '우리바다 우리생물'에서 그려내는 '환경보전의 흐름'은 연구실 40년, 저항적 역사의 힘에 기초한다.

더욱 특별하게는 저자 자신이 가진 연구를 향한 강한 집념이 만들어 내는 경이적인 학술 통계치(SCI 논문 270편, 총 인용수 1만 2,000회, 최근 5년 6,600회)의 힘을 눈여겨보아야 한다. 개인의 힘, 연구실 전통의 힘이 함께 내재하는 '우리 바다 우리 생물'의 일독을 권한다.

2024년 9월, 고철환
서울대 자연과학대학 지구환경과학부 명예교수

추천사 2

우리 바다의 과거, 현재, 미래 볼 수 있는 계기

저자와의 인연은 2000년대 초로 거슬러 올라간다. 당시 환경운동의 학계 선봉에 섰던 고철환 서울대 명예교수 등과 함께 '새만금 갯벌 살리기 운동'에 매진할 때다. 당시 대학원생이었던 저자는 고 교수님과 함께 갯벌 살리기 운동에 적극적으로 참여한 청년학도 중 하나였다. 환경운동에 애정을 가지고 거리로 뛰쳐나온 교수님들 뒤를 늘 따라다니던 그의 모습이 아련하다.

그 후 십수 년이 지나 저자는 학위를 마치고 유학을 떠났고, 의젓한 교수가 되어 모교로 돌아왔다. 한동안 볼 수 없었던 그는 학문에 매진하였고, 이제 차세대를 대표하는 '해양 생태학자'로 대중 앞에 나섰다.

저자의 학문적 성과는 고 교수님과 함께 세계 최초로 한국 갯벌을 해외 유명 국제학술지에 게재하면서 세상에 드러났다. 우리는 한국 갯벌의 특별함을 과학적으로 입증한 이 결과물에 근거하여 '갯벌 보호구역' 확대 필요성을 역설하기도 했다. 그 이후로 과학과 환경운동의 자연스러운 연결고리가 더욱 탄탄해졌다.

저자의 환경운동에 대한 특별한 애정과 지원은 환경재단이 주최해 온 'ESG 리더십 과정'에서도 큰 박수를 받았다. 기후재앙 시대 그 어느 때보다 기업의 역할이 중요해졌다. 그러나 정작 기업이 나서서 해야 할 일에 대한 구체적 논의는 부족한 것 같다. 이러한 때에 저자가 밝힌 우리나라 바다의 숨겨진 가치, 한국 갯벌의 탄소흡수 능력, 한반도 해역의 세계적 수준의 해양생물다양성이란 과학적 연구성과는 K-바다의 가치를 재조명하기에 충분했다. 해양과학 기반의 해양정책 수립은 기업과 국가가 나아가야 할 '신해양강국'의 주춧돌이 될 것임을 확신한다.

저자가 지난 30년간 현장에서 직접 찾고 밝힌 여러 가지 연구성과를 바탕으로 엮은 '우리 바다 우리 생물'에는 '우리 것'이란 특별함이 담겨 있다. 그동안 환경운동을 하며 어려웠던 점은 과학과 운동의 소통이었다. 우리 바다, 우리 땅, 우리 공기에 대한 현실을 우리 자료로 보고 느끼고 이해할 수 없음에 대한 목마름이 있었다.

이 책은 우리 바다의 과거, 현재, 그리고 미래를 다시 돌아볼 수 있는 계기를 마련해주었다. 기업과 정부 관계자는 물론 우리 미래 세대 청소년들이 꼭 한번 읽어보기를 권한다.

2024년 9월, 최열 환경재단 이사장

추천사 3

이 책을 통해 미래 지키는 실천 함께해 주시길

'천사도'라는 TV 환경 예능프로그램 통해 인연을 맺은 김종성 교수님의 신간 소식을 듣고, '과연 비전공자인 내가 내용을 이해할 수 있을까?'라는 걱정이 앞섰습니다. 그러나 이 책은 최근에 읽은 책 중 가장 빠르게 책장을 넘긴 책이 되었어요. 바다를 사랑하는 교수님의 진심과 바다에 대한 깊은 열정이 독자인 저에게 그대로 전달되었기 때문입니다.

김종성 교수님은 방대한 논문과 자료를 이해하기 쉽게 정리해 주셨고, 생생한 경험과 재미있는 에피소드들로 흥미를 더해 주셨더라고요. 바다의 중요성을 과학적으로도, 교양적으로도 누구나 쉽게 이해할 수 있게 해주셨기에, 책을 통해 많은 분이 바다의 중요성을 더 공감하고 환경 문제를 인식하는 계기가 될 것이라 생각합니다.

특히, 우리나라의 동해, 서해, 남해가 각각 다른 특징을 지니고 있다는 사실은 정말 놀라웠습니다. 마치 세 개의 다른 바다가 존재하는 것처럼, 한 나라 안에서도 바다마다 다른 빛깔을 내고, 전혀 다른 생물들이 살고 있다는 사실은 우리 바다가 얼마나 다채롭고 소중한지 새삼 깨닫게 해주었어요. 한 페이지 한 페이지 책을 넘길 때마다 우리 바다의 아름다움을 발견하고, 그 속에서 살아가는 다양한 생태계를 알게 되면서 그동안 몰랐던 우리 바다의 모습을 새롭게 알게 되었습니다.

하지만 바다는 지금 엄청난 플라스틱 쓰레기와 오염물질로 인해 점점 생명력을 잃어가고 있습니다. 그중에서도 태평양에 있는 '플라스틱 쓰레기 섬'은 무려 한반도의 8배 크기로 해양 생물들에게 엄청난 위협이 되고 있습니다. 그 결과 지금, 이 순간에도 많은 바다생물 종이 사라지는 안타까운 일이 계속되고 있습니다.

그래서 저도 바다를 지키기 위해 그리고 저의 두 아이의 미래를 지키기 위해 노력을 하고 있습니다. 일회용품보다 다회용품을 사용하고 플라스틱 통에 담긴 액체 세정제는 사용하지 않습니다. 아이들이 어릴 때는 천 기저귀와 거즈 수건을 사용했어요. 무심코 소비했던 플라스틱 제품들을 다시 한번 생각해보고, 꼭 필요하지 않다면 구매를 자제하면서 대체 제품을 찾는 습관을 기르고 있습니다. 이런 작은 변화와 실천들이 모여 바다를 지키고, 결국 지구와 인류의 미래를 지킬 수 있을 거라 믿고 있어요.

자, 우리는 이제 바다의 생존이 곧 인류의 생존임을 알았습니다. 바다를 지키기 위해 모두가 함께 노력할 때, 이 중요한 바다 지키기 목표가 실현될 수 있을 것입니다. 나와 내 가족을 위해 지속 가능한 미래를 지키는 실천을 함께해주시길 부탁드리며 〈우리 바다 우리 생물〉이 독자 여러분에게 그 계기가 되기를 희망합니다.

2024년 9월, 박진희 영화배우, 탤런트

CONTENTS

머리말 2
발간사 4
추천사 6

Chapter 1. 바다의 가치

① 우리 바다가 특별한 이유 16
② K-갯벌의 경제적 가치 29
③ K-해양생물다양성 40
④ 제주 바다의 해양생물다양성 51
⑤ 울릉도·독도의 해양생물다양성 64
⑥ 바다의 가치 재조명 75

Chapter 2. 해양생태계의 위기

① 간척의 희생양 갯벌 생물 88
② 해양오염과 연안 생태계 파괴 100
③ K-철새의 처절한 비상 112
④ 아열대 생물의 남해 상륙 122
⑤ 중국 갯끈풀의 서해 상륙 134
⑥ 남극 해양생태계의 위기 144

Chapter 3. 개발과 보전의 화두

①	해상풍력발전 득과 실	155
②	스마트 혁신기술 아쿠아포닉스	167
③	기후위기 해결사 K-갯벌	179
④	K-리빙 쇼어라인	191
⑤	해양쓰레기 이슈와 해법	202
⑥	Blue-ESG의 서막	214

Chapter 4. 숙제와 도전

①	글로벌 해양 이슈 전망	224
②	청년 해양학도의 열정	236
③	치열했던 바다 연구 40年	249
④	경계를 허문 융복합 해양학 연구	260
⑤	해양과학의 대중화 소명	273
⑥	바다로, 세계로, 미래로	285

바다는 어떤 존재일까?

바다는 어떤 존재일까? 바다가 좋아서 해양학과에 갔다. 바다가 탐구 대상이 된 후 나는 꽤 여러 바다를 돌아다녔고 배도 많이 탔다. 그렇게 우리 바다와 우리 생물을 공부해 온 시간만큼, 나의 바다 사랑과 생물에 대한 애착도 더욱 커져 왔다.

김종성 교수의 우리 바다 우리 생물
Chapter 1

바다의 가치

― Chapter 1. 바다의 가치 ―

① 우리 바다가 특별한 이유

바다는 어떤 존재일까? 어릴 적 내게 바다는 튜브를 타고 물놀이하고 고기 잡는 놀이터였다. 그렇게 바다가 좋아서 해양학과에 갔다. 해양학과에 입학한 후 친구들에게 자주 듣던 질문이 문득 생각난다. "해양학과는 배 타고 물고기 잡는 학과지?" 그냥 웃고 넘긴 이 질문을 30년이 지나서 다시 생각해봐도 틀린 말이 아니었다. 바다가 탐구 대상이 된 후 나는 꽤 여러 바다를 돌아다녔고 배도 많이 탔기 때문이다. 그리고 지금의 내 연구실은 물고기를 비롯한 각종 해양생물로 가득 찬 수족관이나 다름없으니 말이다. 그렇게 우리 바다와 우리 생물을 공부해 온 시간만큼, 나의 바다 사랑과 생물에 대한 애착도 더욱 커져 왔다.

바다가 주는 특별함은 과학적으로 '생태계서비스'란 개념으로 풀어

황톳빛 서해의 대표적인 갯벌로 알려진 강화도 갯벌, 강화도 갯벌은 350km²가 넘는다.

볼 수 있다. '생태계서비스'는 바다와 같이 '자연환경과 건강한 생태계가 인간에게 제공하는 다양한 혜택'을 말한다. 크게 '공급', '조절', '문화', '지지' 서비스 등이 있다. 공급서비스로 우리는 수산물, 천연자원 등의 귀중한 물자를 바다로부터 얻는다. 조절서비스의 대표적인 예는 바로 갯벌이다. 갯벌은 오염물질을 정화하고, 연안 침식을 방지해 주며, 최근에는 기후온난화의 주범인 이산화탄소를 잘 흡수한다는 사실이 알려지면서 기후변화 해결사로 떠올랐다. 문화서비스로 바다는 우리에게 휴식, 체험, 교육, 관광과 같은 즐겁고 유익한 삶을 선사해 준

서울대학교 해양저서생태학 연구실의 바다과학기행 사진집 1-22권, 1999년-현재

다. 바다로부터 영감을 얻고 힐링을 느끼는 정신적 혜택도 물론 포함된다. 그리고, 지지서비스로 바다는 물질순환을 돕고, 생물의 다양성을 유지하며, 수많은 생물에게 서식처와 산란처를 제공함으로써 생태계가 유지되도록 해주는 매우 중요한 역할을 한다. 지지서비스는 말 그대로 다른 범주의 서비스, 즉 공급, 조절, 문화서비스를 지지해주는 버팀목 역할을 하는 것이다. 우리나라 바다와 생물이 특별한 이유는 바로 이 해양생태계서비스의 가치가 매우 크다는 점이고, 최근 과학적으로도 입증되었다.

바다의 평온한 모습 뒤에 숨어있는 어마어마한 경제적 가치

우리가 인지하고 있는 일반적인 바다의 모습은 어떤가? 우선, 바다는 크고 넓다. 바다는 지구 표면의 70.9%, 지구가 담고 있는 물의 약 97%를 차지한다. 또, 바다는 깊고 푸르다. 전 세계 바다의 평균수심은 약 3,800m, 가장 깊은 곳은 마리아나 해구로 11km에 이른다. 그리고 또 다른 중요한 점은 바다가 풍요롭다는 사실이다. 전 세계적으로 대략 21만여 종의 생물이 바다에서 살아가고 있으며, 우리나라 바다에만 1만 5,000여 종의 해양생물이 살고 있다고 한다. 이렇듯 크고, 깊고, 풍요로운 바다가 가진 모습 뒤로는 실로 어마어마한 가치가 숨어 있으며 그 가치는 해양생태계서비스 평가를 통해 속속 밝혀지고 있다.

우리나라 바다의 가치가 크다는 사실은 이제 상식이 되었다. 우리 연구진은 2014년 서해 갯벌의 해양생물 다양성이 세계 최고 수준이라는 연구 결과를 세계 학계에 보고했다. 서해 갯벌이 유럽 와덴해에 비해 해양 저서무척추동물의 다양성이 더욱 크다는 사실이 밝혀진 것이다. 이어 2017년 우리 연구진은 독도가 해양생물다양성 천국이란 사실도 리뷰논문을 통해 발표했다. 나아가 2021년에는 서해 갯벌의 일차생산력이 전 세계 평균의 2배 수준임도 규명하였으며, 최근에는 국가 차원에서 우리나라 갯벌의 탄소흡수 역할과 기능까지 규명한 논문을 발표하기도 하였다. 우리나라 갯벌이 연간 최대 49만 톤의 이산화탄소를 흡수하고 있으며 이는 승용차 20만 대가 내뿜는 이산화탄소량과 같다는 사실을 밝혔다. 이와 같은 최근의 과학적 성과는 전 세계가 한국의 갯벌에 주목하는 데 결정적 역할을 했다고 평가할 수 있다.

우리나라 해양생물다양성이 독보적이라고?

그렇다면 우리 바다는 "왜" 세계적으로도 이토록 독보적인 해양생물다양성을 보이게 된 걸까? 나는 그 답이 한반도의 지정학적 위치에서 출발한다고 주장하고 싶다. 누구나 알 듯 우리나라는 서, 남, 동쪽 삼면에 펼쳐진 푸른색 바다가 있다. 그런데 그 삼면의 푸른 바다는 사실 서로 다른 빛깔을 가졌다는 점이 중요하다. 나는 '바다과학기행'이란 학부 교양과목을 강의하면서 학생들에게 우리 바다를 색깔로 표현한다면 무지개색이라고 설명해 왔다. 즉, 황톳빛 서해, 쪽빛 동해, 핑크빛 남해, 그리고 짙푸른 빛 제주해까지 우리나라 바다는 빛의 스펙트럼처럼 스펙타클하다.

지구상에는 삼면에 바다를 가진 반도국이 많다. 그리고 바다로 둘러싸인 섬나라도 무수히 많다. 그러나 우리나라 삼면의 바다는 지형, 지리, 그리고 해양환경 특성이 모두 서로 다르다는 점이 중요하다. 해양환경은 생물에게 서식처를 제공하기 때문에 서식환경이 다르면 살아가는 생물의 종류도 달라진다. 즉, 서식환경은 지역의 조차(潮差), 지형·지리, 수심, 염분, 영양염, 퇴적상 등 다양한 조건에 따라 결정되고, 해양생물은 특정 서식환경에 적응하며 살아가고 있는 것이다. 다시 말하면, 우리나라 바다는 이상의 요인(조건)이 삼면의 바다에서 모두 다르게 나타나고 그래서 해양생물다양성도 그만큼 커지게 되었다.

풍요로운 황톳빛 서해

한반도 서쪽으로는 누런 황톳빛 바다, 서해(West Sea)가 광활하게 펼쳐져 있다. 남한에는 한강, 영산강, 금강, 북한에는 압록강, 청천강, 대동강이 서해로 막대한 양의 토사를 공급한다. 그래서 황톳빛 토사로 이루어진 드넓은 갯벌이 서해에 잘 발달하게 되었다. 일반적으로 갯벌이 잘 발달할 수 있는 세 가지 조건도 완벽하다. 조차가 크고(약 3~9m; 목포-인천까지만), 경사가 완만하며(평균 1도 미만), 수심이 낮으면(평균 45m) 그만큼 드러나는 조간대의 면적이 커지기 때문이다.

그래서 서해는 다른 해역에 비해 대규모 갯벌(약 2,100km²)이 잘 발달해 있다. 서해에 갯지렁이, 이매패류(바지락, 동죽, 가리맛조개 등), 갑각류(칠게, 농게, 쏙 등)와 같은 연성 저질에 서식하는 저서생물이 유독 많은 이유다. 그리고 서해에는 이들 저서생물의 먹이생물인 갯벌 저서미세조류도 매우 많다. 갯벌 저서미세조류의 최우점종은 규조류로(약 500여 종) 알려져 있다. 일차생산을 통해 유기물을 생산하고 갯벌과 연안의 해양생태계를 지탱해주는 고마운 친구다. 즉, 규조류는 풍요로운 서해를 지켜주는 작은 거인이다.

쪽빛 동해와 카리스마 독도

동해(East Sea)는 수정처럼 맑고 깊어 푸른빛보다는 쪽빛에 더 가까우며, 작은 조차(대개 1m 미만), 가파른 경사면, 단조로운 해안선, 깊은 수심(평균 약 1,500m) 등이 특징이다. 그래서 동해에는 암반(바위)이나 모래 해변이 많고, 서해와는 매우 다른 생물상이 관찰된다. 즉, 동해 바닷가는 연성 저질에 서식하는 저서동물보다는 암반에 부착해서 서식하는 고둥, 따개비, 홍합, 굴, 거북손, 바위게 등이 많다. 그리고 동해는 난류와 한류가 만나는 특징으로 풍족한 어장도 많다. 그런

쪽빛 동해의 깊고 거센 파도의 대명사, 울릉도 해변

동해가 아열대화로 인해 최근 난류성(오징어나 대게) 어종이 많이 잡히고 한류성(명태나 청어) 어종은 지속적으로 감소하고 있다고 한다. 동해의 해양생태계가 향후 어떻게 바뀔지 궁금해지는 이유다.

    동해를 논할 때, '독도'를 빼놓을 수 없겠다. 우리 땅 독도라는 이유 외에 독도의 해양생물다양성이 세계적으로도 높기 때문이다. 대형 저서무척추동물을 예로 들면 군도에 불과한 독도 해역(578종)에 서식하는 대형 저서무척추동물의 종 수가 서해(624종) 전체 갯벌에 버금갈 정도로 많다. 더 중요한 점은 독도의 해양생물상이 우리나라 동해와 유사하고 일본과는 큰 차이를 보인다는 사실이다. 즉, 독도는 생태적으로도 우리 땅임이 분명하다.

핑크빛 남해의 수려한 다도해, 거문도의 절경

건강하고 씩씩한 핑크빛 남해

　남해(South Sea)는 땅끝에서 새롭게 펼쳐지는 수려한 다도해의 절경이 일품이다. 남해에는 섬이 독보적으로 많다. 우리나라 섬 3,300여 개 중 2,200여 개의 섬이 남해에 있다. 해안선(총 1,980km, 직선거리의 8.8배)도 매우 길고 복잡해서 그만큼 서식환경도 다양하다. 또한 낙동강, 섬진강, 그리고 중국 양쯔강과 같은 대규모 강의 영향으로 토사 공급도 비교적 원활하여 갯벌(~400km^2)도 어느 정도 발달하였다. 이렇게 남해는 서해와 동해를 아우르는 복합적인 해양환경 특성을 보인다는 점이 중요하다. 다시 말해, 남해는 암반(섬)과 갯벌, 그리고 섬 생태계가 조화를 이루는 특별한 해양생태계를 갖추게 되었다. 실제 우리 연구팀이 최근 전수조사한 전국 연안의 대형 저서무척추동물 출현종

푸른빛 제주 해역의 아름다운 협재 해변과 게센 바람을 타고 에너지를 만들어내는 탐라해상풍력단지의 모습

수가 이 사실을 증명한다. 출현종 수는 남해(1,103종)가 가장 많고, 서해(829종), 동해(621종) 순으로 나타났기 때문이다.

한편, 남해는 바다가 과영양 상태가 될 때 나타나는 식물플랑크톤의 이상증식 현상, 즉 적조가 자주 일어나는 지역으로 유명하다. 적조를 유발하는 식물플랑크톤 종은 일반적으로 붉은색 계통의 색소체를 많이 함유하고 있어 적조가 발생하면 바다가 붉게 보인다. 붉게 물든 남해의 소식을 언론에서 자주 접하는 이유다. 그래서 남해는 푸른 바다와 붉은 적조가 적당히 어우러진 핑크빛을 자주 띤다.

제주도 남쪽 해역의 바다는 위치상 남해지만 그 특성이 사뭇 다르다. 화산섬이라는 독특한 지형과 아열대성 기후 조건, 그리고 동중국해로부터 지속해서 유입되는 난류 등으로 인해 본토의 남해와는 매우 다른 해양환경을 보이기 때문이다. 제주 해역은 바람도 세차게 불어 최근 해상풍력 발전단지로도 주목받고 있다. 기후변화로 인해 과거와는 달리 아열대성 생태계가 더욱 확장되고 있음도 제주 남쪽 해역의 다이나믹한 특성이자 숙명이 되었다. 이에 따라 새로운 아열대성 해양생물이 유입되고 확장될까 염려도 된다. 외래종 유입이 우리 바다의 고유한 해양생태계를 파괴할 수도 있기 때문이다.

극한 환경의 우리 바다를 이겨낸 장한 우리 생물

우리 바다는 이처럼 서로 다르고 복잡하며 또 역동적 개성을 가진 해역이 많다는 것이 특징이다. 그 외에도 우리 바다는 몬순기후와 반도라는 지리적 특성으로 계절에 따라 풍성류(바람에 따른 표층수의 흐름)의 방향이 바뀌고, 난류와 한류의 우세 혹은 혼재 지역이 상존하며, 삼면의 바다에 다양한 퇴적층이 존재하는 극한 환경을 가지고 있다. 극한의 우리 바다 환경에 적응하면서 수천-수만 년 이상 꿋꿋이 버티며 살아남은 1만 5,000여 종의 'K-해양생물'에게 박수를 보내고 싶다.

잘 몰랐던 우리 바다의 가치, 이제는?

우리 바다와 갯벌의 생태계서비스 가치에 대한 정량적 평가는 현재진행형이다. 생태계서비스란 개념은 2000년대 초반 유엔이 제시한 '새천년 생태계 평가보고서'로부터 본격적으로 출발하였다. 당시 갯벌을 포함한 해양생태계가 제공하는 사회·경제적 가치 평가 결과가 소개되면서 세간의 주목을 받았다. 연안역과 갯벌의 경제적 가치가 농경지의 100배, 숲의 10배에 이른다는 당시의 발표는 과학자들에게도 충격이었다.

우리나라 해양수산부도 일찍이 2013년 한국 갯벌의 연간 가치가 16조 원에 이른다고 발표한 바 있다. 다만 당시 평가에 있어 갯벌의 순기능 대상으로 수산물 공급, 수질정화, 여가, 서식처 제공, 재해방지 정도만 제시됐다는 점은 아쉽다. 그럼에도 우리나라 바다, 갯벌의 가치가 매우 높다는 사실이 일반 대중에게 처음 소개되었다는 점에서 큰 의미를 두고 싶다.

그 후 해양수산부는 전국 바다를 대상으로 대대적인 생태계서비스 정량 평가에 착수하였다. 해양수산부 과제로 2017-22년까지 진행되었던 '생태계 기반 해양 공간분석 및 활용기술 개발 연구'다. 우리 연구진도 참여하였고 최근 그 일부 결과를 발표하였다. 결과는 기대 이상이었다. 우리 연구진은 갯벌의 조절서비스 가치가 연간 총 16조 원을 훌쩍 넘는다는 사실을 밝혔다. 아울러 이 연구는 기존 연구보다 더 많은 생태계서비스 항목을 포함했다는 점에서 의미가 컸다. 그동안 우리 바다, 우리 생물의 가치가 과소 평가된 부분도 일부 개선되었고 최근 몇 편의 논문으로 발표하여 국제사회에 한국 갯벌의 가치를 널리 알리는데 크게 기여하였다. 물론 아직 부족하다.

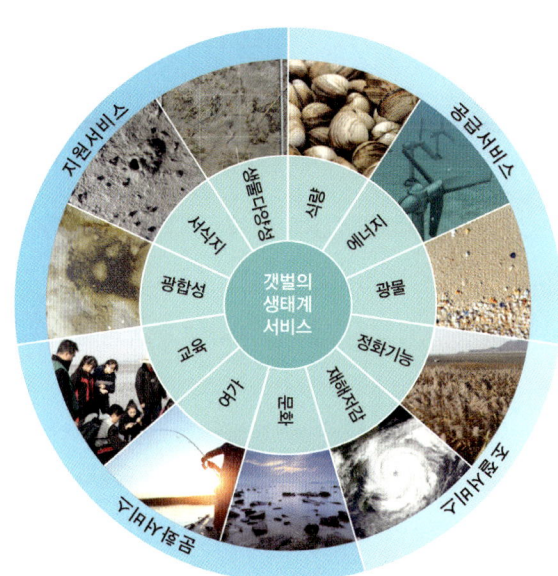

갯벌 생태계서비스의 종류와 대표적인 예

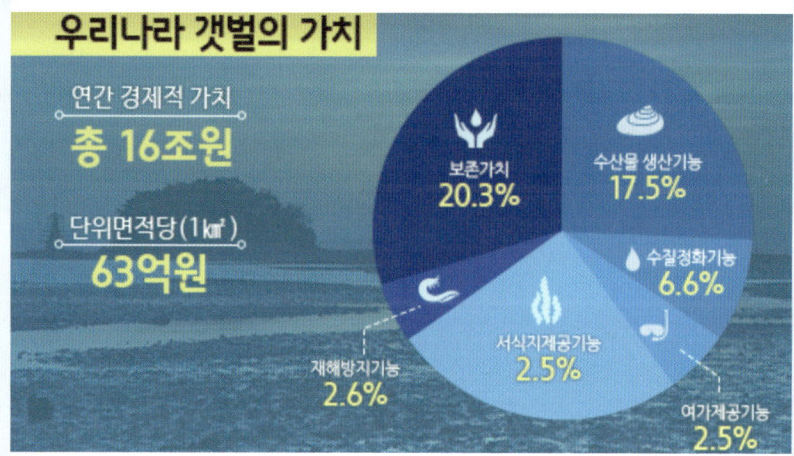

우리나라 갯벌의 가치 연간 16조 원, 해양수산부 2013년 발표

Chapter 1. 바다의 가치

중요한 것은 최근 우리 국민의 바다와 갯벌에 관한 관심이 역대 최고조에 이르렀다는 사실이다. 지난 30 여 년간 대규모 간척과 매립으로 얼룩지면서 흑역사의 주인공이었던 한국갯벌이 이제 이산화탄소를 흡수해주는 기후변화의 구원투수로 등장하여 세계적인 슈퍼스타로 재인식되고 있기 때문이다. 바다가, 그리고 갯벌이 작금의 '탄소중립'이란 인류 공동의 목표를 해결하는 역전의 발판을 마련할 특급 마무리 투수가 될지 귀추가 주목된다. 이제 전 세계인이 함께 우리 갯벌을 지키고 응원하였으면 한다.

K-갯벌의 경제적 가치

    2021년은 해양인(人)에게 특별한 한해로 기억될 것 같다. '한국의 갯벌(Getbol)'이 유네스코 세계자연유산에 등재됐다는 깜짝 뉴스로 나라 전체가 들썩거렸다. 우리로서는 2007년 '제주 화산섬과 용암동굴'에 이은 두 번째 세계자연유산 등재라는 쾌거이자 국가적 경사였다. 우리나라 정부는 제주를 세계자연유산에 올린 직후 서남해 갯벌 등재를 바로 추진하였다. 그런데 예상 밖의 난관과 우여곡절이 많았고, 결국 14년이란 긴 세월을 기다려야 했다.

    마지막 관문이었던 유네스코의 심사 자문기구인 세계자연보전연맹(IUCN)의 '반려' 결정은 큰 고비였다. 문화유산과 자연유산 등재 사례를 통틀어 총회 전에 심사 자문기구가 반려한 유산 후보지가 최종 등재된 전례가 없었기 때문이다. 그러나 예상을 뒤엎고 한국의 갯벌은 당당히 세계자연유산이란 '명예의 전당' 입성에 성공했다. 한편 아쉬움도 있었다. 서남해에 펼쳐진 수많은 한국의 갯벌 중 5개 지자체의 4개 지역(서천, 고창, 신안, 보성-순천)만 한국의 갯벌로 이름을 올렸기 때문이다. 아울러, 유네스코는 지정 확대라는 전제를 달아 조건부 등재 결정을 내려 다음 단계가 순탄치만은 않은 상황이다. 2024년 문화재청은 한국의 갯벌 2단계 등재후보지로 우선 전남 무안, 고흥, 여수 갯벌 등을 세계유산 잠정목록으로 제출하였다. 그러나 최종 등재를 위해서는 더 많은 갯벌을 확대 제안해야 한다. 나는 개인적으로 유럽 와덴해(갯벌)처럼 우리나라도 한국의 서남해 갯벌 전체를 하나로 묶어 확대 지정하는 방안을 제안하고 싶다.

K-갯벌의 가치, 한류와 함께 전 세계인의 품속으로

1990년대부터 유행한 한류가 새삼스러운 요즘이다. 2021년 한국관광공사는 한류 홍보 시리즈로 '필 더 리듬 오브 코리아(Feel the rhythm of Korea)'를 제작한 바 있다. 인천 편에 나왔던 '범 내려온다'는 당시 3억 뷰라는 대박을 터뜨렸다. 2022년 제작된 시즌 2의 최다 조회수 영상은 충남 서산 편의 '머드맥스'가 차지하였다. 그 주인공은 놀랍게도 그동안 아무도 알아주지 않던 '갯벌'이었다. 서산은 비록 세계자연유산에는 빠져 있지만 태안과 함께 드넓은 가로림만 갯벌을 가지고 있어 대한민국의 대표 갯벌로 손색이 없다.

이 영상은 초반의 기선제압이 압도적이다. 가로림만 갯벌을 거침

한국 관광 홍보영상 '서산 머드맥스'

없이 누비는 수많은 경운기가 시선을 사로잡는다. 중반 이후 바지락을 쓸어 담는 아주머니의 밝은 미소, 그리고 후반의 K-힙합과 함께 곁들어진 구성진 가락의 옹헤야 민요까지 그야말로 '한국'적 모습을 제대로 보여준다. 역동적인 가로림만 갯벌과 생태계, 그리고 정겨운 어촌문화까지 생기 넘치는 우리 바다를 단 2분 만에 훌륭하게 소화한 이 영상은 불과 두 달 만에 전 세계 3,400만 명을 홀렸다. 세계 최고 수준의 해양생물다양성과 뛰어난 탄소흡수 능력까지 입증된 K-갯벌의 가치와 저력이 더 많이 홍보되어 전 세계인의 가슴을 울리는 세계자연유산으로 오래 기억되기를 바란다.

갯벌의 돈 되는 가치를 밝혀라

갯벌의 돈 되는 가치는 생태계서비스 가치평가 방법으로 계산할 수 있다. 1997년, 갯벌의 경제적 가치는 1km²에 연간 백만 불(약 13억 원)에 이른다는 연구 결과가 〈네이처〉에 처음 등장하였다. 세계적인 경제학자 로버트 코스탄자 교수는 이 연구에서 갯벌을 포함해서 다양한 자연 서식처에 대한 경제적 가치평가 결과를 정량적으로 제시하였다. 그런데 갯벌의 경우 생태계서비스 17개 평가항목 중 교란조절, 폐기물 처리, 서식처 기능, 수산물, 원료, 휴양에 대한 6개 항목만을 평가했다는 점이 한계로 지적되었다. 즉, 탄소흡수, 기후조절, 홍수예방, 침식방지, 자연정화와 같은 갯벌의 다양한 조절서비스에 대한 가치평가가 자료 부족이란 이유로 평가에 반영되지 못한 것이다. 그러나 예상 밖으로 6개 항목의 평가에 그친 갯벌의 경제적 가치는 14개 항목을 평가한 산림보다 10배 이상 크게 나타났다. 반전이 아닐 수 없다.

그로부터 15년이 지난 2013년, 해양수산부는 '제2차 연안습지 기초조사(2008~2012)'를 바탕으로 우리나라 갯벌의 경제적 가치를 1km²에 연간 약 63억 원으로 평가한 새 결과를 발표하였다. 이 결과를 우리나라 전체 갯벌 면적(2,500km²)으로 확장해서 단순 계산하면 갯벌의 연간 경제적 가치는 약 16조 원에 이른다. 즉, 갯벌은 그대로 보존하는 것만으로도 매년 16조 원이란 어마어마한 경제적 가치를 인간에게 제공한다는 말이다. 해외 연구 결과와 비교해 볼 때, 생태계서비스 대상 평가항목이나 가치평가 방법론에 있어 차이도, 한계도 있겠으나, 갯벌의 가치를 우리 자료를 이용해서 평가한 첫 번째 시도였다는 점에서 의미를 둘 수 있다.

해양생태계서비스에 대한 체계적 연구가 본격적으로 시작된 것은 최근 들어서다. 2017년 해양수산부는 해양의 효율적인 공간관리를 위해 갯벌을 포함한 우리나라 전 해역을 대상으로 해양생태계서비스를 정량적으로 평가하는 연구개발 사업에 착수하였다. 본 연구사업은 바다의 경제적 가치를 '공급', '조절', '문화', '지지' 서비스란 네 가지 관점에서 전국 규모로 평가한 최초의 시도였다.

갯벌을 예로 살펴보면, 우리 밥상에 자주 오르는 조개나 굴, 낙지, 새우, 그리고 간장게장과 같이 갯벌에서 생산되어 우리에게 공급되는 수산물은 '공급서비스'에 해당한다. 갯벌의 탄소흡수, 수질정화 기능처럼 자연 본연의 순기능은 '조절서비스'라 한다. 한편, 갯벌에서 이루어지는 체험이나 여가, 교육을 통한 심미적 혜택을 받는 부분은 '문화서비스' 가치가 된다. 마지막으로 갯벌의 다양한 저서생물에게 서식처를 제공하는 저서퇴적물의 생성과정이나 갯벌 포식자(동물)에게 먹이생물(유기물)을 제공하는 식물(미세조류 등)의 광합성 능력(일차생산), 그리고 갯벌생태계를 구성하는 다양한 생물(해양생물다양성)이 모두 '지지서비스'에 속한다.

최근 우리 연구진은 갯벌의 생태계서비스 가치평가 연구결과를 발표한 바 있다. 우리는 이전 해양생태계서비스 평가항목에서는 빠졌던 몇 가지 중요한 조절, 지지서비스 기능에 관한 항목을 평가하였다. 덕분에, 탄소흡수, 자연정화와 같은 조절서비스 기능에 대해 국내 최초로 평가한 결과를 국제 학계에 보고할 수 있었다. 전 세계적으로 단일국가 규모에서 갯벌의 생태계서비스를 정량적으로 평가한 최초의 연구결과란 점에서 해외 유수 과학자들도 큰 관심을 보였다.

해당 연구는 갯벌을 대상으로 공급, 조절, 문화, 지지란 네 가지 해양생태계서비스를 종합 평가한 최초의 시도였다는 점에서 그 의미가 크다. 그러나 이 연구 또한 잘 알려진 모든 생태계서비스 평가항목을 조사하기에 역부족이었다. 수많은 해양생태계서비스를 생각하면 그동안 발견한 K-갯벌의 매력과 놀라운 가치는 아직 빙산의 일각이란 생각도 든다. 향후 관련 연구가 계속된다면 머지않아 K-갯벌의 가치와 실체가 더 정확하게 드러날 것이라 확신한다.

기능적 가치, 구조와 함께 보는 것이 중요

해양생태계 연구는 근본적으로 '구조'와 '기능' 두 가지 관점을 가진다. 구조란 생태계를 이루고 있는 구성원(생물)의 종류, 양, 그리고 분포를 일컫는다. 바다와 갯벌에 서식하는 생물의 종수, 종 조성, 개체수, 무게, 밀도, 서식범위 등을 통해 해양생태계의 구조를 파악한다. 기능은 구성원(생물)과 환경과의 관계에서 발생하는 특성인데, 생산,

성장, 생식, 상호작용(경쟁, 포식과 기생, 공생), 먹이사슬, 물질순환, 진화를 포괄한다. 간단히 말하면, 에너지와 물질의 흐름이다.

예를 들어보자. 성인 한 사람의 키가 176cm, 체중이 80kg이라고 하면 이는 곧 '구조'를 대변한다. 이 사람의 주량이 소주 1병, 한 끼 식사량이 짜장면 2그릇이라고 하면 이는 곧 '기능'을 대변한다. 사람의 키와 체중이 크다면 일반적으로 그 사람이 마시고 먹는 양도 많아지므로 구조는 기능과 큰 연관성을 가진다. 그러나 이와 같은 연관성이 항상 그리고 비례해서 성립하지 않는 것도 사실이다. 즉, 키와 체중이 작은 사람이 주량과 식사량은 클 수 있기 때문이다. 결국, 구조와 기능 어느 한 가지만을 통해 생태계를 정확히 진단하고 파악하기란 쉽지 않다. 그래서 해양생태계를 정확히 파악하기 위해서는 두 가지 요소 모두 중요한 것이다.

다시 갯벌로 돌아와서 갯벌의 생태계를 살펴보자. 갯벌에 서식하고 있는 서로 다른 식물생태계, 즉 갈대나 저서규조류는 대기로부터 탄소를 흡수한다. 이들 식물은 광합성을 통해 유기물을 생산하며 성장하고, 사체는 다시 퇴적물에 침적됨으로써 탄소는 대기로부터 퇴적물로 최종 격리된다고 할 수 있다. 이 전반적인 탄소흡수 및 침적 과정을 이해하기 위해서는 갯벌생태계의 '구조'와 '기능'이란 두 가지 요소를 모두 알아야 한다. 우리는 갯벌의 탄소흡수를 통한 기후조절 기능을 평가하기 위해 갈대와 저서규조류에 대한 구조 연구가 선행돼야 함을 잘 알고 있다. 즉, 구조 연구가 풍성해지면, 우리는 생물 종류에 따른 탄소흡수 계수를 따로 구하여 갯벌의 탄소흡수 조절서비스 기능을 정확히 평가할 수 있게 된다. 아직 미발표 결과지만 우리 연구진은 최근 연구를 통해 외래종인 갯끈풀이 토종 갈대보다 탄소흡수 기능이 큰 것을 확인하였다.

갯벌의 또 다른 조절서비스 기능으로 자연정화 기능이 있다. 갯벌은 지리적 위치 덕분에 육상으로부터 강과 하천을 거쳐 바다로 유입되는 각종 유해성 오염물질을 제거해 주는 능력을 갖추고 있다. 특히 입자가 미세한 머드(mud)는 입자의 부피 대비 표면적이 넓어 유해물질의 흡착에 유리한 만큼 제거 효율도 높다. 또한 조개와 같은 저서생물은 해수를 여과해서 유기물을 걸러 먹고 분해해 주는 정화생물의 하나이다. 서식 굴을 파고 사는 게, 갯지렁이, 게와 같은 갯벌 저서생물은 표층 산소가 풍부한 해수를 서식 굴의 내부 깊숙이 공급하여 저층의 유해물질 분해를 촉진하기도 한다. 이처럼 갯벌과 갯벌 생물은 다양한 기작을 통해 유기물과 오염물질을 깨끗하게 정화해주는 조절서비스 능력이 크다.

거대한 해양 필터, 갯벌의 정화능력 평가 가능할까?

우리 연구진은 국내 최초로 갯벌의 오염 정화능력을 정량적으로 평가한 결과를 세계 학계에 보고한 바 있다. 마산시 봉암갯벌을 대상으로 한 연구다. 봉암갯벌은 창원천과 남천이 교차하는 도심 내 $0.2km^2$ 남짓한 작은 갯벌이다. 주변의 마산 주거단지와 공업단지에서

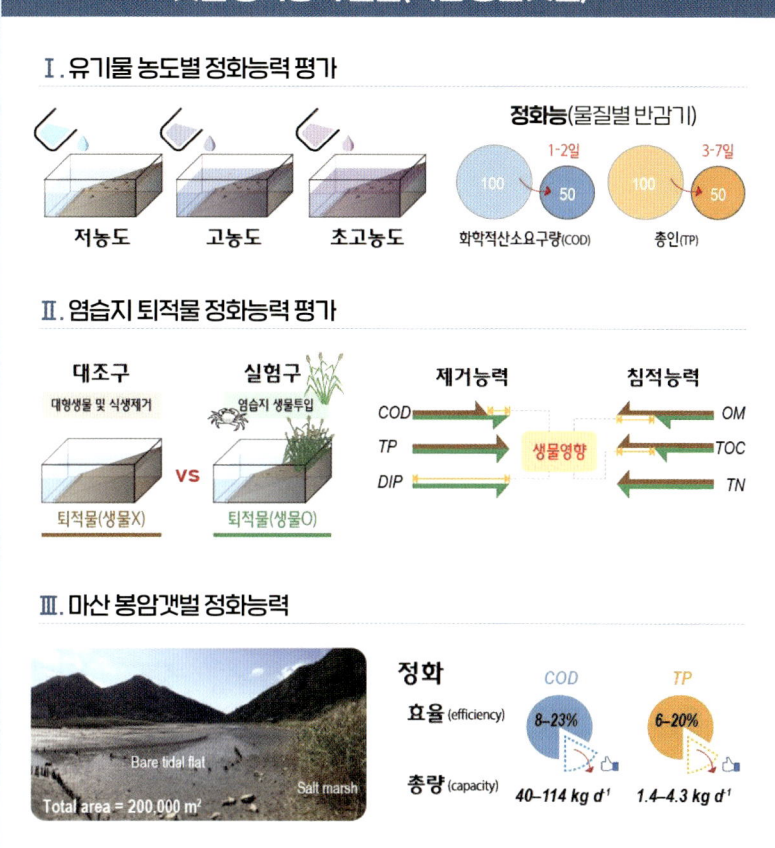

갯벌의 정화능력 평가를 위한 실험 연구(자료 출처_서울대학교)

발생한 다양한 오염물질은 창원천과 남천으로 유입되고 봉암갯벌을 거쳐 간다. 연구에 따르면 봉암갯벌은 1년에 최대 약 550kg의 총 인(Total Phosphorus)을 제거하는 놀라운 정화능력을 가진 것으로 밝혀졌다. 이를 연간 인의 하수처리 비용으로 환산해 보면 약 3,200만 원이다. 이 결과를 우리나라 전체 갯벌(약 2,500km²)로 단순 확장해서 계산하면 우리나라 갯벌의 인 정화능력의 경제적 가치는 연간 약 4천억 원에 이른다. 인이라는 한 오염물질을 제거하는 경제적 가치가 이 정도라면 수많은 오염물질을 정화해주는 갯벌은 실로 막대한 경제적 가치를 가지고 있다고 할 수 있다.

지난 반세기, 갯벌은 간척과 매립의 최대 희생양이었다. 과학자, 정책수립자, 그리고 국민도 그 가치를 제대로 알지 못했기 때문이다. 우리나라 갯벌 연구가 시작된 것은 불과 40여 년 전인 1980년대 초반이다. 그동안 갯벌의 가치를 정확히 알아내고 알리기에는 시간, 인적 자원, 재정, 국민인식 등 모든 측면에서 역부족이었다. 그나마 최근에야 우리는 K-갯벌과 그 가치에 대해 조금 알게 되었다. 지난 몇 년간 우리나라 갯벌에 대한 세계적 연구성과가 잇따라 언론에 노출되면서부터 K-갯벌의 진가를 국민도 알게 된 것이다. 과학, 정책, 언론의 삼박자와 정부의 적극적 홍보까지 더해져 이제 일반 국민도 갯벌의 가치를 눈감고 술술 말할 정도로 국민인식이 높아졌다는 사실이 반갑고 기쁘다. 우리는 이제 바다와 갯벌이 인간에게 주는 무한한 가치를 알게 되었고, 전 세계 사람들은 '머드맥스'를 보며 K-갯벌에 감탄한다.

이제 버려지고 사라진 갯벌을 다시 되살리고 가꾸어야 할 때다. 갯벌 보전과 복원을 통한 해양생태계서비스 증진은 인간사회의 풍요로움과 웰빙의 밑거름이 될 것이기 때문이다. 현재 정부가 추진하고 있는 우리나라 갯벌 복원 목표는 사라진 면적의 불과 수% 수준에 불과하다. '시작이 반'이란 옛말처럼 더 늦기 전에 시작되었다는 점은 위안이 되지만, 소극적, 수동적, 일회성의 갯벌 복원은 경계해야 한다. 그동안 우리는 경제개발이라는 명분으로 갯벌을 죄책감 없이 계속 망가뜨려 왔다. 간척이 시작된 지 30년이 지난 지금도 개발과 보전이란 대척점에서 갈등과 혼란만 증폭시키는 새만금 갯벌 논쟁은 언제쯤 끝이 날까? 갯벌의 가치를 잘 모르겠다는 억지 핑계는 이제 통하지 않을 거라 확신한다. 자연은, 그리고 과학은 거짓말을 하지 않기 때문이다.

네덜란드, 독일, 덴마크 3국은 이미 1980년대 초부터 와덴해(갯벌)을 공동으로 관리해오고 있다. 최근에는 연간 1,000만 명의 관광객과 7조 5,000억 원이 넘는 관광수익도 올렸다고 한다. 와덴해 3국 통합관리시스템을 보다 적극적으로 도입하는 것이 중요하다. 우리도 더 늦기 전에 남, 북, 중 3국이 공유하는 황해(黃海) 갯벌을 3국 공동관리 체제로 만들어야 한다. 특히, 중국과의 공조를 통한 황해 갯벌의 세계자연유산 확대 등재 추진도 좋은 한 전략이 될 수 있다. 대한민국 해양수산부의 과감하고 공격적인 'K-갯벌보전정책' 리더십을 기대해본다.

Chapter 1. 바다의 가치

K-해양생물다양성

    2015년 홍콩대에서 열린 '국제 해양생물다양성 학회-2015' 때 나는 우리나라의 해양생물다양성이 우수하다는 근거로 2010년 아일랜드 출신 학자인 마크 코스텔로가 보고한 '세계 해양생물 센서스' 연구논문을 제시하였다. 우리나라의 해양생물 종수가 9,900종, 단위 면적당 (1,000km^2) 종수는 32.3종으로 해당 지수에서 세계 1위로 보고된 논문이다. 이 논문은 해양생물다양성을 언급할 때 세계적으로 가장 많이 인용되는 논문 중 하나이고, 해양수산부도 2013년 우리 연안의 해양생물다양성이 세계 최고임을 주장할 때 인용하였던 자료이다.

    그런데 논문에서 제시한 한국의 해양생물 종수에 대한 근거(문헌)는 학계에서 공식적으로 인정하는 연구논문이 아닌 '개인 교류(Personal communication)'로 표시돼 있다. 당시만 하더라도 우리나라 전체 해역에 대한 해양생물 종 목록(혹은 종수)이 국제학계에 공식적으로 보고되지 않았기 때문이다. 매우 아쉽지만, 그렇게라도 우리나라의 우수한 해양생물다양성이 국제사회에 처음 소개된 것은 천만다행이다. 홍콩학회에서 나는 코스텔로 교수와 나란히 기조 강연을 했지만, 우리 자료로 발표한 논문으로 K-해양생물다양성을 설명할 수 없음에 화가 났다. 당시의 아쉬움은 큰 숙제가 되었다.

K-해양생물다양성의 서막을 열다

나는 홍콩학회를 다녀와 우리나라 바다의 해양생물다양성을 우리 자료로 증명해 보이겠다고 다짐하였다. 사실 이보다 일찍 2014년에 나는 해양정책 분야 국제학술지인 '해양·연안관리(Ocean and Coastal Management)'에서 발간한 '한국의 갯벌' 특별호를 주관하면서 우리나라 서해 갯벌의 대형 저서무척추동물(624종) 다양성이 세계적 수준임을 알린 바 있다. 그러나 우리나라 전체 해역을 대상으로 하지 않았다는 점에서 반쪽짜리 성과에 만족해야 했다.

나아가 2017년에는 독도 연안의 대형 저서무척추동물(578종) 다양성이 서해 갯벌에 버금간다는 사실을 전 세계 학계에 보고하였다. 특히, 독도의 해양 생물상이 우리나라 동해 바닷가와 유사하고, 일본 근해와는 다르다는 사실을 종 조성과 분포 자료를 통해 밝혔고, 이 발표로 학계에서 '생물주권' 이슈가 재점화되었다. 우리나라 해양생물다양성이 세계에서 으뜸이라는 'K-해양생물다양성'을 천명하였다는 점에

대형 저서무척추동물: 한국동물분류학회에서 인정하는 동물은 모두 34개의 문(phylum)으로, 이 중 가장 고등한 동물은 척삭동물 문(phylum Chordata)임. 척삭동물 가운데 척추(vertebrate)를 가진 척추동물 아문(subphylum Vertebrata; 어류, 양서류, 파충류, 조류, 포유류를 포함)을 제외한 모든 동물을 무척추동물(Invertebrate)이라 하고, 특히 바다에 서식하는 동물을 '해양 무척추동물'이라고 함. 해양 무척추동물은 크기에 따라 초대형(일반 저인망, 망목크기 수 cm), 대형(1mm 이상), 중형(0.1-1mm), 소형(0.1mm 이하)으로 나누며, 갯벌의 대표적인 대형 저서무척추동물로는 해면동물, 자포동물, 연체동물, 환형동물(갯지렁이류), 절지동물(갑각류), 극피동물 등이 있음.

서 의미를 두고 싶다.

기회는 온다! K-해양생물다양성 세계 최고 입증

우리나라 바다의 우수한 해양생물다양성을 국제학계에 소개하면서 자긍심이 늘어남과 동시에 우리의 연구 성과를 더 많이 알리고 싶은 욕심도 더욱 커졌다. 마침 2019년 홍콩에서 좋은 기회를 얻게 되었다. 제9회 '국제 해양오염 생태독성학회(ICMPE-9)'에서 나는 태안 유류오염 사고로부터 우리나라 해양생태계가 빠르게 회복되었다는 연구 결과를 바탕으로 기조강연을 하였다. 당시 좌장이었던 영국 사우스햄튼대 스티븐 호킨스 명예교수는 우리나라 해양생태계와 해양생물다양성에 큰 관심을 보였다.

강연 후, 호킨스 교수는 자신이 총괄편집장으로 있는 '해양학·

해양생물학 리뷰(Oceanography and Marine Biology Annual Review: OMBAR)' 저널에 한국의 해양생물 다양성에 관한 총설논문(리뷰)을 투고할 것을 제안하였다. OMBAR는 1963년 창간 이래 매년 1회만 발간하는 저널로 해양과학 분야에서 세계 최고 수준의 학술지이다. 더구나 지난 60년 동안 한국인 과학자가 발표한 논문이 단 한 편도 없었다는 점에서 그의 초청은 매우 이례적이고 뿌듯한 제안이었다.

호킨스 교수의 제안을 받고 2년이 지나서야 나는 논문을 완성할 수 있었다. 보통 수개월이면 완성해 왔던 논문과는 달리 많은 공을 들였기 때문이다. 2021년 우리 연구진은 '한국의 해양생물다양성'이란 제목으로 논문을 출간하였다. 지난 50년간 우리나라에서 보고된 모든 대형 저서무척추동물을 전수 조사하고 재검토하여 우리나라 해양생태계 및 해양생물다양성 연구를 집대성한 결과였다. 우리나라 해역을 총 38개(서해 16 지역, 남해 10 지역, 동해 12 지역)로 구분하여 종 목록과 종 분포를 지도에 알기 쉽게 제시하였다. 129개에 달하는 연구논문을 일일이 검토하고 정리하느라 2년이란 오랜 시간이 걸렸지만, 결과를 내놓고 보니 뿌듯함은 이루 말할 수 없었다. 나는 2023년 1월 홍콩에서 열린 '국제 해양생물다양성 학회-2022'에서 이 논문을 바탕으로 다시 기조강연을 하였고 청중의 반응은 기대 이상으로 뜨거웠다. 2015년부터 품어왔던 한이 비로소 풀린 내게는 역사적 순간이었고 한국 과학자로서 뿌듯함과 자긍심도 충분히 느꼈음에 감사하다.

'K-해양생물다양성'의 현주소

이번 연구를 통해 우리나라 바다의 대형 저서무척추동물 생물다양성은 17개 문(phylum)에 속하는 1,915종(연체동물문 670종, 환형동물문 469종, 절지동물문 434종, 극피동물문 79종, 그 외 분류군 263종)인 것으로 밝혀졌다. 조하대(1,326종), 조간대(875종), 하구(244종)에서 다양한 생물이 서식하고 있다는 사실도 알게 되었고, 접근이 어려운 깊은 바다에서도 매우 다양한 대형 저서무척추동물이 살아가고 있음을 확인하였다. 조간대와 하구 갯벌에서 출현한 종수를 합하면 약 1,000종인데 이는 2020년 해양수산부가 발표한 770여 종을 크게 상회하는 수준이었다.

위에 언급된 K-해양생물다양성 리뷰논문이 가지는 시사점은 매우 크다. 왜냐하면, 서해, 남해, 동해를 구분해서 대형 저서무척추동물의 종 목록과 종 분포 지도를 최초로 제시하였기 때문이다. 즉, 서해와 동해에는 각기 고유한 종이 많이 살고 있으며, 남해에는 이 종들이 섞여 있음을 우리 자료로 증명한 것이다. 서해와 동해를 품은 남해(1,103종)의 대형 저서무척추동물 출현종 수가 서해(829종), 동해(621종)와 비교해서 월등히 높다는 과학적 추론은 이제 사실이 되었다.

분류군(생물의 종류) 관점에서 볼 때도 서해, 남해, 동해에서 출현하는 상위분류군(문 수준)의 종류가 대체로 해양환경 특성을 잘 반영하고 있음을 알 수 있었다. 즉, 갯벌이 잘 발달한 서해에는 갯지렁이가 속하는 환형동물문(316종)과 게를 포함하는 절지동물문(219종)의

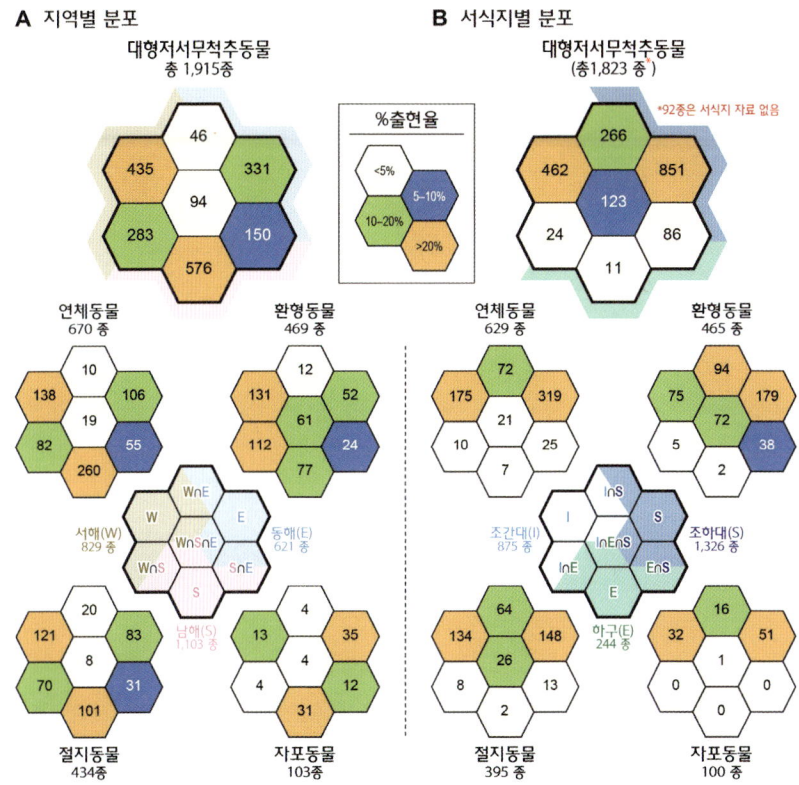

한국 연안해역 지역별(서해, 남해, 동해) 및 서식지별(조간대, 하구, 조하대) 대형 저서무척추동물의 출현 종수 및 특성(상단 총 수, 하단 4개 주요 분류군별 종수)

(A) 서해, 남해, 동해에서 출현한 종수(총 1,915종; 갯벌(조간대+하구) 약 1,000종)와 지역별 4개 주요 분류군의 종 수(연체동물 670종 > 환형동물 469종 > 절지동물 434종 > 자포동물 103종) 도시

(B) 서식지별(조간대, 하구, 조하대) 출현 종의 특성 파악(출현 종의 서식처 해역 정보가 빠진 92종 제외, 총 1,823에 대해 4개 주요 분류군의 종수 표시, 예 조간대에만 서식하는 연체동물의 수는 175종, 하구에만 서식하는 절지동물의 수는 2종, 조간대와 하구에 동시에 서식하는 환형동물의 수는 5종, 갯벌(조간대+하구)에 서식하는 모든 종은 972종.(수심 6m까지의 조하대 갯벌 포함시 종수 증가)

종수가 가장 많았다. 남해는 갯벌과 함께 암반 조간대와 섬 생태계가 고루 발달하여 고둥, 조개와 같은 연체동물문(416종)의 종수가 서해(249종)와 남해(190종)보다 압도적으로 많았다. 동해의 경우에는 말미잘, 산호와 같은 자포동물문(55종)의 종수가 서해(25종)와 남해(51종)에 비해 많았고, 성게와 불가사리와 같은 극피동물문(31종)의 종수도 비교적 많았다.

특히, 세 바다에 동시에 출현한 종의 경우, 환형동물문(61종)이 가장 많았고, 연체동물문(19종), 절지동물문(8종), 자포동물문(4종)이 그 뒤를 이었다. 이는 갯지렁이류가 한반도 전역에 고르게 퍼져 서식하고 있다는 사실을 뒷받침하는 결과다. 한편, 제주도는 본토 남해와 가깝지만, 사뭇 다른 종 조성을 보여주었다. 이 결과는 지리적으로 본토에서 멀리 떨어진 제주도 해역의 해양생태계가 오랫동안 고립된 상태로 진화해왔음을 의미하는 합리적 추론으로 이어진다. 지금 제주 해양생태계가 급변하고 있다는 점에서 이 지역 해양생태계의 역사적 고찰에 관한 연구가 또 다른 숙제로 남았다.

끝으로, 총 38개 해역을 대상으로 생물다양성을 분석해 보니 대부분 우수하거나 평균 이상의 건강도를 보여주었다. 그동안 외국학자에 의해, 또는 특정 지역에 국한된 자료만으로 해양생물다양성을 평가해 왔지만 이 논문은 우리의 손으로 우리 바다 전체의 해양생물다양성을 최초로 평가했다는 점에서 큰 의미를 두고 싶다. 해당 연구를 통해 우리나라와 해외의 해양생물다양성을 직접 비교할 수 있게 된 점

서해의 대표생물

두토막눈썹참갯지렁이
(서울대)

황해비단고둥
(서울대)

칠게
(서울대)

남해의 대표생물

오뚜기갯지렁이류
(서울대)

군부
(서울대)

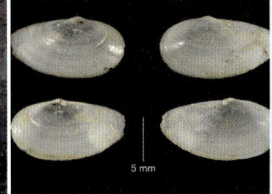
아기반투명조개
(WoRMS)

동해의 대표생물

보라성게
(서울대)

거미불가사리
(서울대)

거북손
(서울대)

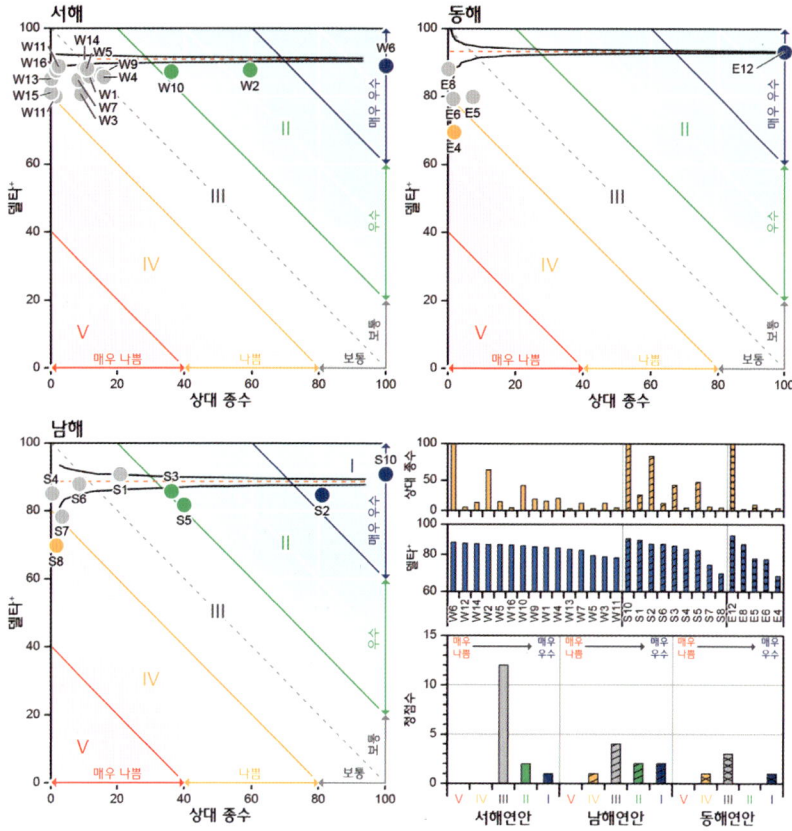

한국 연안의 30개 지역(박스그림 내 동그라미)에서 출현한 대형저서무척추동물의 생물다양성(건강성) 평가 결과

생물다양성 평가는 상대 종수(지역 단위에서 확인된 최대 종수를 100으로 할 때, 지역별 상대종수로 표시)와 델타+(생물다양성 지표, 종의 유연관계를 의미, 숫자가 클수록 생물 종류 간의 유연관계가 멀고 보다 다양한 생물군이 출현한다는 것을 의미)를 동시에 고려하여 '매우 우수', '우수', '보통', '나쁨', '매우 나쁨'의 5단계(5개 사선 영역)로 평가. 중앙 대각선(점선)은 50%로 보통 수준 의미. 평가 결과, 서해 3지역(태안, 인천, 전주포), 남해 4지역(제주, 고흥, 거제, 남해), 동해 1지역(울릉도·독도)이 해양 생물다양성 측면에서 최우수로 평가됨.

도 큰 성과라 할 수 있다. 종 수만 고려해 봤을 때 한국의 1,915종은 유럽 와덴해 400여 종, 영국 연안 530종, 터키 서부 연안 685종, 북태평양 576종, 북극(대륙붕 포함) 2,636종과 비교하여 독보적으로 높은 해양생물다양성을 보여주기 때문이다. 우리나라 바다의 우수성과 건강함을 우리 자료로 당당하게 설명할 수 있었음에 다시 한번 뿌듯하고, 감사하다.

'K-해양생물다양성'의 미래

해양수산부는 2006년 '해양생태계의 보전 및 관리에 관한 법률'을 제정한 이래, 우리 바다를 가꾸고 우리 생물을 지키는 보호정책을 추진해 왔다. 현재까지 고유종이나 보호 가치가 높은 91종을 해양보호생물(혹등고래 등 포유류 21종, 나팔고둥 등 무척추동물 36종, 삼나무말 등 해조(초)류 7종, 푸른바다거북 등 파충류 5종, 가시해마 등 어류 6종, 넓적부리도요 등 바닷새 16종)로 지정하였다. 또한 우리 바다의 가치를 훼손하거나 고유생태계를 위협하는 생물은 유해·교란해양생물(별불가사리 등 유해해양생물 18종, 해양생태계교란생물 1종(유령멍게))로 지정하여 엄격하게 관리하고 있다. 그러나 '지정'만 하고 '관리'하지 않는 명목상의 보호정책은 경계해야 한다. 효과적인 관리를 위해서는 무엇보다 특정 해양생물이 어디에서 어떻게 얼마나 살아가고 있는지 정확하게 파악하고, 이를 지속해서 모니터링하는 것이 중요하다.

전 세계에서 가장 우수하고 건강한 우리 바다의 해양생태계를 잘 가꾸고 후손들에게 고스란히 물려주려면 해양생물다양성에 대한 기초연구가 지금보다 훨씬 강화되어야 한다. 그리고 그 결과가 더 많이 더 자주 국제학계에 보고되어 우리 국민뿐만 아니라 전 세계인이 알 수 있도록 홍보되는 것이 중요하다. 우리가 직접 알리지 않으면 그 누구도 대신 알려주지 않기 때문이다. K-방역, K-팝, K-드라마를 통하여 우리나라가 선진국임을 세계에 알렸다면, 이제 'K-해양생물다양성'이 한류의 일원으로 우리나라의 세계적 위상에 걸맞은 역할을 해주기를 바란다. 한반도와 동아시아를 넘어 전 세계 바다의 해양생물 보호에 앞장서는 대한민국 해양수산부의 글로벌 해양강국 리더십을 기대해본다.

=== Chapter 1. 바다의 가치 ===

제주 바다의
해양생물다양성

여행은 늘 즐겁고 유쾌하다. 그리고 해양학자는 그 여행을 공짜로 한다. 우리 연구실 대학원생들은 1년 중 절반 가까운 시간을 바다 여행을 할 수 있기 때문이다. 일로써 바다를 대하면 성립되지 않는 말이지만 바다를 좋아하고 사랑하는 해양학자라면 맞는 말일 것 같다. 다행히 우리 연구실 대학원생들은 모두 바다를 즐길 줄 아는 멋진 젊은 해양학도들이다.

나도 지난 30년간 해양학을 공부하면서 우리나라의 웬만한 바다는 거의 둘러보며 공짜 바다 여행을 해왔다. 바다는 그냥 좋다. 누군가를 사랑하는 것에 딱히 이유가 없듯이 말이다. 사람마다 특별히 더 좋아하는 바다도 있을 것 같다. 내게는 '제주' 바다가 그렇다. 우리나라의 무지개색(다양한) 바다를 대표하는 제주는 해양학적 탐구대상으로서도 훌륭하지만, 나에게는 유쾌한 기억과 추억을 많이 준 곳으로, 지금도 가장 자주 찾는 바다이다. 돌, 바람, 여자(해녀)가 많아 '삼다도'라 불리는 제주, 가진 것, 보이는 것 이상 늘 풍족한 해양생태계서비스를 제공하는 제주 바다의 기억을 소환해 보았다.

90s 대학생 때, 동경의 제주!

어릴 적부터 바다를 좋아했지만, 동경하던 제주 땅을 처음 밟은 것은 대학을 입학하고 나서였다. 재수 시절 동고동락했던 6인방("우리가 남이가"를 따서 우남회)이 학부 1학년 첫 여름방학 때 뭉친 것이다. 우리는 대학에 가면 꼭 같이 해보자고 약속했던 전국 일주를 실행에 옮겼다. 승효닝, 상혁, 경식, 병욱, 성호, 그리고 나까지 6인의 피 끓는 청춘은 2주간의 전국 일주 대장정에 나섰다. 신형 '갤로퍼'에 몸을 싣고 마로니에의 '칵테일 사랑'을 온종일 따라 부르며 우리는 해방감을 만끽하였다. 당시 시간, 경비 등 여러 제약으로 예정하였던 제주 땅은 결국 밟지 못했지만, 대체로 우리나라를 한 바퀴 돌았다. 서울, 광주, 지리산, 거제, 부산, 속초, 설악산까지 둘러보았으니 전국 일주라 할 만했고, 우리는 다음을 기약하였다.

동경의 대상이던 제주는 우리의 발걸음을 다시 재촉했다. 3학년 여름방학이 되자, 어쩌면 앞으로 함께 여행할 기회가 없을 거란 위기감도 있었다. 우리 6인방은 1차 전국 일주 여행의 아쉬움도 채울 겸 2차 전국 일주를 실행에 옮겼다. 우리는 해남 땅끝마을을 사뿐히 밟고 완도항에서 페리를 타고 마침내 제주에 상륙하였다. 페리를 타고 가까워지는 제주를 보며 우리나라 바다의 근사하고 아름다운 모습에 반했다. 처음 마주한 제주 바다는 상상 이상으로 경이로웠고, 잠깐이었지만 한라산 산행까지 너무 즐겁고 행복했던 감사한 추억이다.

두 차례의 전국 일주로 산(지리산, 설악산, 한라산)과 들(서울에서 땅끝마을까지, 동해안 7번 국도를 따라 부산에서 속초까지), 그리고 섬과 바다(거제도, 완도, 제주도)를 두루 섭렵했다. 어설프지만 나름 浩然之氣도 키웠던 꿈 많던 어린 시절이었던 것 같다. 그렇게 나는 친구도 여행도 좋아했다. 경식과는 2학년 여름방학 때 단둘이 유럽 배낭여행까지 다녀왔으니 학부 때 여름 여행은 실컷 한 셈이다.

제주행 페리에 찬 맥주가 없어 꽤 미지근한 캔맥주를 마시며 툴툴대던 우리는 제주가 한눈에 들어오자 환호성을 질렀다. 젊고 해맑았던 청춘의 시간이 그립다. 30년이 지난 지금도 우리는 가끔 그 시절을 이야기하며 그리워한다. 누구나 그렇듯 말이다. 그러다 작년 봄 우리는 6인방 결성 30주년을 기념하고자 다시 제주행을 결의하였고, 가을이 되어서야 비록 4명이었지만 '백 투 더 제주'를 실행할 수 있었다. 이제는 모두 바빠서 1년에 한두번밖에 보지 못하게 되었지만, 역시 어제 만났다는 듯이 우리는 서로 웃고 떠들기에 정신없었고 그렇게 우남회의 제주행은 다시 추억의 한 챕터를 남겼다.

00s 대학원생 때, 치유의 제주!

이후 대학을 졸업할 때까지 나는 한동안 제주 바다를 잊고 살았다. 대학원 시절 내 연구 대상은 일명 '스끼다시', 정확히는 저서생물(저서미세조류, 대형저서무척추동물 등)이었기 때문에 주로 서남해 갯벌, 강화도, 대부도, 새만금, 함평만, 낙동강 하구 등지를 수없이 돌아다녔다. 그리고 저서생물에게는 집과 같은 저서퇴적물 환경이 생물에게 미치는 영향을 연구하면서 전국의 오염된 해역은 샅샅이 뒤지게 되었다. 당시 시화호, 광양만, 마산만, 온산만, 울산만 등지를 배로 누비며 악취나는 퇴적물에 파묻혀 지냈던 기억이 난다.

제주를 다시 찾게 된 계기는 연구를 위한 조사, 학회, 미팅도 아닌 오직 재충전을 위한 바다 여행이었다. 2004년 당시는 박사과정의 후반 무렵이었다. 학위논문 작성을 마무리하며 지칠 대로 지친 류종성 선배와 학위논문 주제가 갑자기 바뀌어 혼란에 빠진 나는 특별한 치유의 시간이 필요했다. 최근 주목받고 있는 '해양치유'와 같은 논리로 우리는 연구실 막내 권봉오와 셋이서 답사를 핑계로 제주행을 택한 것이다.

우리 3인방은 성산일출봉, 섭지코지, 우도, 종달리까지 단숨에 제주를 반 바퀴 돌았다. 해변에서 갓 잡은 홍해삼(홍조류를 주로 먹어 붉은색을 띠는 해삼)회라는 것도 이때 처음 먹어봤다. 짧지만 굵직한 1박 2일의 알찬 해양치유 여행은 지친 영혼을 어느 정도 위로해 주었고, 우리는 다시 공부에 집중할 수 있었으며, 류종성 선배는 무사히 학위를 마쳤다.

2004년 제주 조사를 빙자한 치유여행(종달리 갯벌)

10s, 신임교수 때, 탐험의 제주!

그 후, 10년이 지나서야 나는 제주를 다시 찾을 수 있었다. 2006년 학위를 마치고 외국에서 살아갈 결심으로 나는 아내와 함께 2007년 1월 캐나다로 향했다. 캐나다 사스카툰에서의 직장 생활은 공부하기에는 정말 좋았지만, 신혼이나 다름없었던 우리 부부에게는 가혹한 환경이었다. 1년의 반이 겨울이나 다름없었고 1~2월에는 체감온도 영하 50도 이하의 무시무시한 추위와 싸워야 했고, 좋아하는 음식도 재미도 별로 없는 무미건조한 삶이 계속되면서 힘든 시간을 보냈다. 결국 우리는 2년 만에 다시 한국으로 돌아왔다.

나는 다행히 운 좋게도 고려대학교 환경생태공학부 조교수로 임용되면서 겨울 감옥 캐나다를 탈출할 수 있었다. 그런데 고려대에서 자리가 잡힐 무렵 또 다른 변화가 찾아왔다. 2012년 2월 박사 지도교수셨던 고철환 교수님 퇴임 후에 나는 서울대 '해양저서생태학연구실'을 이어받았다. 이를 계기로 잠깐이었지만 강과 하구로 축소됐던 나의 탐구 공간은 다시 전국 바다로 펼쳐졌다. 이듬해부터 나는 고 선생님께서 강의하셨던 '생물해양학 및 실험' 등의 해양생물 분야의 몇 개 교과목을 맡게 되었다. 사실 생물해양학 및 실험이 지금의 내가 '생물해양학자'가 된 계기를 마련해준 과목이어서 가장 애착이 가는 수업이다.

'생물해양학 및 실험'의 꽃은 바로 '현장실습'이라 해도 과언이 아니다. 나는 2013년 생물해양학 강의의 첫 현장 실습지로 망설임 없이 '제주행'을 택했다. 학생들도 비행기 타고 제주도를 여행할 수 있다고 좋아했다. 학생들의 기대를 저버릴 수 없었던 나는 채집 실습에 놀이와 관광까지 즐길 수 있도록 실습계획을 세워야 했다. 우리는 산호백사장과 땅콩으로 유명한 '우도'와 산호사 해변을 누비며, 제주에서는 보기 드문 '종달리' 갯벌에서 조개와 게를 잡고 정말 어린 아이처럼 신나게 뛰어놀았다. 특히, 종달리 갯벌은 화산섬 제주에서 연성(뻘보다는 모래가 우세) 저질이 발달한 보기 드문 조간대 지역에 속한다. 조차가 작은 제주 바다에서는 조간대가 발달하기 어려우므로 일반적으로 제주에는 갯벌이라 할 만한 곳이 매우 적기 때문이다. 한편 종달리 해변의 양쪽 측면에는 바위로 뒤덮여 있는 암반 조간대와 조수웅덩이가 많은 데, 부착성 저서생물이 많이 살고 있어 해양생물다양성도 높다. 파래 등 부착성 해조류도 모래 조간대에 넓게 분포하여 상당히 다양한 생물상을 보여주어 현장실습으로 안성맞춤인 지역이다.

2013년 제주 실습에 참여했던 지은, 도연, 영철, 호상, 보람, 호종, 은실, 희중, 경준, 정현과 함께 우리는 사진, 노트 등 현장 자료와 추억의 감상문까지 보태서 '제주탐험기 1탄'이란 소책자를 제작하였다. 어쩌면 졸업생 모두 소중한 보물처럼 간직하고 있을지도 모르겠다. 그 외에도 섭지코지, 성산일출봉 등 놀이시간의 추억도 함께 담았기 때문에 오랜 시간이 지나도 제주의 추억을 소환하기에 모자람이 없을 것이다. 나는 요즘도 가끔 제주탐험기 소책자를 꺼내 보곤 하는데 볼 때마다 새롭고 젊어지는 느낌이 드는 흐뭇한 추억거리다.

이듬해인 2014년, 우리는 다시 주저 없이 제주행을 택했다. 내 기억으로 당시 제주행과 각축을 벌인 곳은 바로 '울릉도'였다. 하지만 학생들은 날아가는 비행기를 미끄러지는 배보다 더 좋아했던 것 같다. 2014년을 함께 한 주희, 의준, 주원, 우현, 홍은, 성중, 지은, 호석, 지운, 정현, 그리고 우리 연구실 식구들과의 추억 역시 '제주탐험기 2탄' 소책자로 남아있다.

2023~24, 현재, 소통의 제주!, 이제 제2의 고향

10년이 훌쩍 지났고, 코로나로 한동안 찾지 못했던 제주를 최근에 다시 찾았다. 2023년, 소수 정예 6명의 학부생과 제주 실습을 다녀왔

2021년 해양학·생물해양학 리뷰(OMBAR)에 게재된 한국의 해양생물다양성 리뷰 논문
(남해와 제주 해역의 대형저서무척추동물의 종류와 분포 발췌)

다. 적은 수의 인원이라 더 많이 대화하고 소통할 수 있어 참 좋았다. 함께 눈을 맞추고 이야기를 나누었던 선경, 다인, 준희, 도연, 대웅, 현아는 아직도 생생하게 기억난다. 소문이 제대로 난 모양인지 2024년에

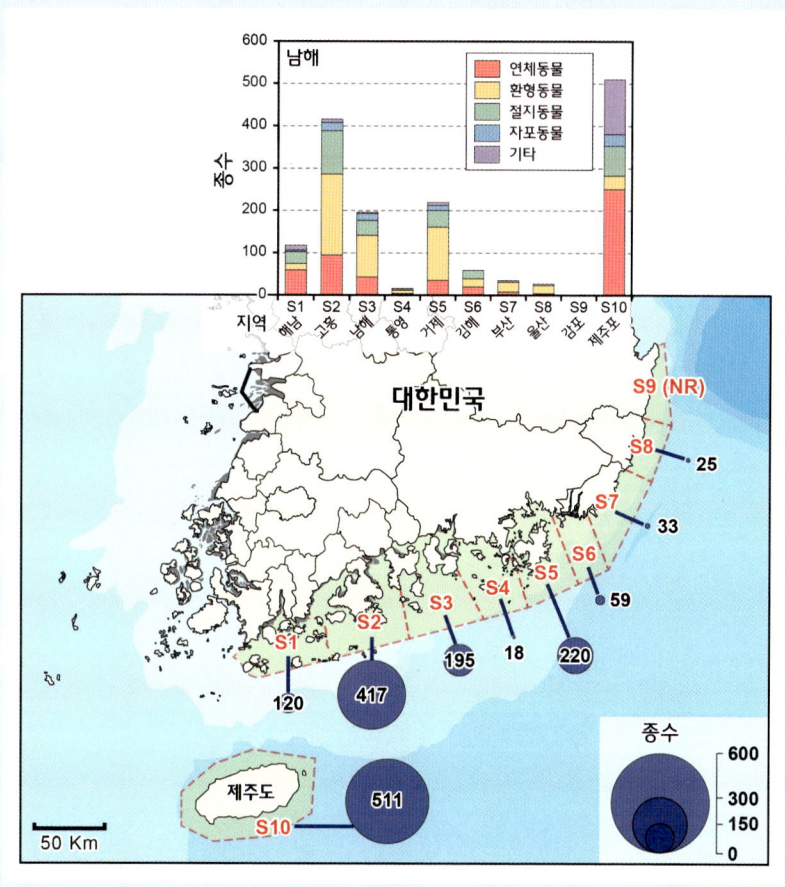

는 두 배에 가까운 11명이 수업을 신청했다. 그 덕분에 나는 성준, 시훈, 시원, 선진, 성준2, 명신, 채원, 원진, 세훈, 연수, 동현 등과 함께 다시 한번 즐겁고 뜻깊은 제주행 현장실습을 다녀올 수 있었다. 학부생들에게 당시 제주 현장실습은 탐구의 시간 외에도 돈독한 선후배

간의 우정을 싹틔우는 소중한 시간이었을 것이라 확신한다. 모두 남은 대학 생활만큼은 더 활기차고 건강하게 마무리하기를 바란다.

바다를 업으로 사는 지금의 내게 지난 30년 제주와의 인연은 동경, 치유, 탐험, 소통으로 차근차근 진화해 온 것 같다. 2021년부터 시작된 '과학기술기반 해양환경영향평가 기술개발' 사업의 연구단장을 맡으면서 최근 3년간 탐라·한림 해상풍력단지 인근 해역 조사를 위해 수십 차례 제주 바다를 찾다 보니 이제 제주가 제2의 고향처럼 느껴진다.

돌아보니 우리는 아주 오래전부터 바다가 주는 문화서비스를 부지불식간에 늘 누려 왔던 것 같다. 그 놀라운 경제적 가치는 새삼스럽게도 최근 연구를 통해 다시 한번 깨닫게 되었다. 2017년부터 2021년까지 진행된 '해양생태계서비스 가치평가 연구' 결과가 기대 이상이었기 때문이다. 한국해양수산개발원 남정호 박사팀 주도로 진행된 이 연구를 통해 우리는 우리나라 바다의 문화서비스 가치가 연간 1조 4천여억 원에 달한다는 것을 처음 밝혔다. 작금의 기후변화, 해양위기, 탄소중립 시대에 바다의 가치와 역할은 계속 커질 것임이 자명하다. 전 세계적으로도 매우 보기 드문 독보적 아름다움, 풍요로움, 경이로움을 가진 특별한 우리나라 바다를 모두 함께 잘 지키고 가꾸어 나갔으면 한다. 지금의 우리만이 아닌 미래세대를 위해서 말이다.

제주 바다의 특성과 독보적 가치 끝까지 지켜내야!

제주는 해양학적으로도 특별한 바다다. 화산섬이란 지형적 특성,

2013년 생물해양학 및 실험 현장조사: 우도와 종달리 갯벌에서 해양생물을 채집했다.

아열대 기후대, 그리고 서쪽으로 수심이 얕고, 동쪽으로는 수심이 매우 깊어 주변 해역의 해류 순환이 다이나믹하다. 여름철 중국 양쯔강으로부터 유입되는 막대한 양의 토사, 쿠로시오 기원의 고온고염수, 대마난류수, 황해저층냉수 등 다양한 특성을 가진 해류, 그리고 그 해류를 타고 유입되는 각종 무기물질과 생물 기원의 유기물질, 그리고 다양한 종류의 해양생물 유생까지 제주 바다를 특별하게 만드는 환경요소가 많기 때문이다.

제주의 독특한 해양환경은 곧 생물이 살아갈 수 있는 다양한 서식처를 제공해 준다. 서식처 환경이 상이하다는 것은 살아가는 생물의 종수가 많아질 확률이 더 높다는 것을 의미한다. 즉, 제주는 지리, 지형, 기후, 퇴적환경, 먹이생물까지 독특한 주변 환경에 따라 매우 우수한 해양생물다양성을 가진 천혜의 해양생태계를 가지게 되었다.

최근 우리 연구진은 제주 바다의 우수한 해양생물다양성을 우리 자료로 입증하였다. 나는 2021년 전국 연안(조간대+조하대)을 대상으로 '대형 저서무척추동물'의 종류와 분포에 대한 리뷰 논문을 발표하였다. 논문 작성에만 2년 이상 걸릴 정도로 방대한 한반도 해양생물의 생태 및 분류 자료를 수집하고 전수 조사하여 재분석한 논문이다. 그 결과 우리나라 K-해양생물다양성이 세계 최고 수준임을 밝히는 의미 있는 성과를 냈다. 그중에서도 제주 해역의 경우에는 대형 저서무척추동물 종수가 총 511종으로 나타나 남해안 일대 9개 해역에서 확인된 평균 종수(136종)를 훌쩍 뛰어넘었다.

제주는 해양치유로 대표되는 문화서비스뿐만 아니라 생물다양성과 서식처 제공이란 지지서비스 측면에서도 압도적으로 높은 가치를 보인다는 것이 과학적으로 증명된 셈이다. 해마다 조사하는 여름휴가

여행지 만족도에서 제주가 지난 10년간 1위 자리를 굳건히 지켜온 이유로 충분해 보인다. 가깝지만 먼바다 제주, 동경, 치유, 탐험을 넘어 이제 제2의 고향이 된 제주 바다와 해양생태계가 잘 지켜져서 우리의 미래세대도 계속해서 맘껏 누릴 수 있는 힐링의 공간이 됐으면 한다.

= Chapter 1. 바다의 가치 =

울릉도·독도의
해양생물다양성

우리 바다를 찾아다니며 우리 생물을 탐구한 지 30년이 훌쩍 지났다. 그간 서해, 남해, 동해, 그리고 제주까지 삼면에 펼쳐진 무지개색 우리 바다를 많이 돌아다녔다. 호기심 반 기대감 반으로 새로운 연구지를 찾을 때마다 늘 설렜고 즐거웠던 것 같다. 그런데 우리 땅 독도와 울릉도를 찾았을 때의 첫 느낌은 단순한 바다의 아름다움과 멋짐 그 이상이었다. 가슴 뭉클한, 뭔가가 뜨겁게 차오르는 것을 느꼈기 때문이다. 마음 깊숙이 자리 잡은 '우리 땅'이란 자긍심과 그 땅을 밟고 서 있다는 뿌듯함이 더해진 새로운 경험이었다.

법정공휴일은 아니지만, 우리는 10월 25일을 '독도의 날'로 정하고 기념한다. 그래서 붉게 물든 단풍으로 가을의 절정에 다다른 10월 무렵이면 한동안 잊었던 독도, 울릉도의 기억과 추억에 빠져들곤 한다.

여름철 비바람과 태풍이 지나고 가을의 정점에 들어서는 10월이 되면 독도, 울릉도 바다도 차분해진다. 입도 성공률이 높은 이 무렵이 우리에게는 독도, 울릉도 조사의 최적기이다. 우연히 시작된 독도, 울릉도 연구를 뒤돌아본다.

독도와의 엉뚱한 첫 만남

내가 독도 연구에 관심을 가지게 된 것은 전혀 예상하지 못한 계기를 통해서이다. 고려대 재직 시절 나는 우연한 계기로 독도와 관련한 논문 작성에 참여할 것을 제안받았다. 한 번도 독도에 가보지 않은 내가 논문 작성에 참여하는 것이 꺼려졌지만, 자료를 본 후 독도에 관한 관심이 생기면서 참여키로 하였다. 자료는 경북대 울릉도 독도 센터에서 2년간 조사한 독도 대형저서동물 군집자료였다. 나의 역할은 분류 자료를 생태적 관점으로 해석하는 일이었다. 우리는 이 논문을 통해 독도에 서식하는 해양 저서무척추동물이 403종에 이른다는 사실을 국제사회에 처음 알렸다. 독도의 대형저서동물을 대상으로 한 생태 논문이 처음으로 국제학술지에 게재됐다는 점에서 언론의 주목도 받은 뜻깊은 성과였다. 특히 독도 연안의 저서생물상이 몽돌해안, 해저대지, 해안단구 등 서식처에 따라 다르다는 점을 밝혔다. 독도의 해양 생물다양성이 높은 이유로 해석할 수 있다.

현장에 직접 가보지 않고 독도 논문이 출판되니 독도에 대한 동경과 현장 조사의 아쉬움은 더욱 커갔다. 2012년 9월 나는 서울대로 자리를 옮긴 직후 가장 먼저 독도행을 결행하였다. 2012년 10월 우리 연구진은 생명과학부에서 유일하게 해양생물을 연구하시는 김원 교수님의 연구진과 함께 독도, 울릉도 조사를 수행한 것이다. 그러나 머피의 법칙처럼 울릉도에 도착한 우리는 갑자기 나빠진 날씨와 거칠어진 파도 때문에 독도행 배를 탈 수 없었다. 아쉬운 대로 우리는 울릉도 조사에 더 많은 시간을 보냈고, 덕분에 울릉도 해안 곳곳을 샅샅이 뒤지며 매우 다양한 저서생물을 채집하였다. 비록, 독도 조사의 아쉬움을 남긴 채 발걸음을 돌려야 했지만, 내 연구실 한쪽에 울릉도 해양생물 시료를 가득 채울 수 있었다.

독도, 울릉도와의 인연은 더욱 깊어갔다. 2013년 서울대 해양연구소에 '독도·울릉도 해역연구센터(이하 센터)'가 신설됐고, 나는 독도

2012년도부터 시작된 서울대 독도·울릉도 해역연구 발자취

논문 1편, 울릉도 조사 1회란 어설픈 이력으로 센터장이란 중책을 맡게 됐다. 센터장이 된 후, 내가 가장 먼저 해야 할 일은 분명해졌다. 독도에 직접 가보는 것이었다. '못 가본 이는 있어도, 한 번만 가본 이는 없다'라는 말이 딱 맞았다. 우리 센터의 연구진은 2013년 이후 현재까지 다섯 차례에 걸쳐 독도와 울릉도 조사를 매우 즐겁게 다녀왔으니 말이다.

독도 해양생물다양성 집대성 쾌거

현장 조사를 진행하면서 나는 새삼 독도, 울릉도의 해양생물다양성에 대한 근본적 질문에 빠져들었다. 육지로부터 수백 킬로미터 떨어진 머나먼 외딴섬 독도에 왜 이토록 다양한 해양생물들이 정착하게 되었고, 지금까지 그 다양성을 어떻게 유지해 왔는지 궁금해졌다. 분류학적 측면의 기록종에 대한 단순 보고에 국한된 기존의 연구 방식으로는 이 질문에 답을 할 수 없었다. 우리는 독도와 울릉도의 환경 특성에 대한 정확한 이해를 바탕으로 서식처별 종의 분포 특성을 파악해 보기로 하였다. 나아가, 서식처별 기록종의 유연관계에 기반한 베타-다양성에 대한 평가도 계획하였다.

첫 번째 작업은 독도와 울릉도의 서식처별 종 목록을 새로 업데이트하는 일이었다. 지난 60년 동안 독도, 울릉도 주변 해역에서 해양 저서무척추동물을 대상으로 작성된 객관적인 분류, 생태자료를 수집하였다. 약 130건에 이르는 보고서, 논문 등에 수록된 방대한 자료를 데이터베이스화했다. 자료 수집, 원본 데이터 입력, 데이터베이스화까지 대략 1년이 넘게 소요됐고, 기록종에 대한 전수조사와 재동정 작업에 다시 1년을 투자해야 했다. 이상의 노력으로 우리는 독도, 울릉도의 서식지별 환경변수와 생물 기록종 목록을 마침내 완성할 수 있었다. 우리는 서식처별 기록종의 분포와 유연관계 분석을 통해 생물다양성지수를 산출하고 기록종의 분포와 환경과의 관계도 해석할 수 있었다.

2017년 우리가 독도와 울릉도의 해양생물다양성 생태목록을 집대성한 논문을 해양학 분야 최고 학술지에 발표하였다. 이 연구를 통해 새롭게 알려진 사실 덕분에 언론의 주목도 크게 받았다. 2012년 발표된 독도 해양생물 403종을 훌쩍 넘어, 총 578종에 이르는 해양 저서무척추동물의 종목록을 지도화하여 제시했기 때문이다. 바다 한가운데 떠 있는 외딴섬 독도의 해양생물다양성은 예상보다 훨씬 우수하다는 사실에 놀랐고 한편으로 뿌듯했다. 육지의 해안가보다 인간의 간섭이나 환경압력이 상대적으로 적다는 점이 독도의 우수한 해양생물다양성을 오랫동안 지탱해 준 원동력으로 생각된다.

특히, 독도와 울릉도의 해양생물다양성은 당시 주목받았던 서해 갯벌 해양생물다양성(624종, 최근 1,000여 종으로 업데이트됨)에 버금갈 정도로 높다는 점에서 우리도 전 세계인도 모두 놀랐다. 고 김훈수 서울대 명예교수님께서 1960년 독도 생물을 처음 기록(당시 얼룩참집게, 바위게, 총 2종 보고)한 후 약 60년이 지난 시점에서 우리는 독도의 해양생물다양성을 새롭게 재조명하였다는 점도 강조하고 싶다. 덧

붙이자면, 2021년 출판된 한반도 전 해역을 대상으로 한 K-해양생물다양성 리뷰논문(OMBAR)에는 독도와 울릉도 생태계가 건강성 측면에서도 매우 우수하다는 내용이 담겨있다. 독도, 울릉도의 해양생물다양성이 단순히 면적당 기록종 수가 많다는 점을 넘어 생태적으로도 건강한 바다라는 사실을 기억했으면 한다.

해양생물다양성 천국, 독도와 울릉도

그렇다면 독도, 울릉도에서 가장 흔하게 관찰할 수 있는 해양무척추동물은 무엇일까? 한국인이면, 한 번쯤 보거나 먹어보았을 '홍합'을 들 수 있다. 홍합류와 비슷한 종으로 우리 밥상에 자주 오르는 지중해담치와 착각할 수 있다. 그러나, 지중해담치는 외국에서 입항한 선박으로부터 배출된 선박평형수에 의해 우리나라 바다에 유입된 외래종으로 홍합과 형태는 유사하지만 크기가 상대적으로 작다. 독도와 울릉도에서 잡히는 홍합은 참담치로 크기가 손바닥만큼 큰 우리나라 토착종이다. 보통 5m 내외의 바닷속 바위 표면이나 사이에 빽빽이 들어서서 밀집하여 살아간다. 한편 지중해담치 속살은 노란색을 띠지만 홍합 속살은 주황색에 가깝다. 옛날 어머니들은 말린 홍합을 넣고 미역국을 끓여 산후조리를 했다고 하니 보약과 같은 해양생물이다. 맛도 빛깔도 좋아, 인기가 높은 덕분에 현지에서 고가에 거래된다.

독도에서 홍합과 더불어 터줏대감이라 할만한 해양생물로 '둥근성게'가 있다. 독도와 울릉도 바다에 서식하고 있는 성게류는 둥근성게,

말똥성게, 분홍성게, 보라성게, 큰염통성게 등 5종인데, 그중 둥근성게가 95% 이상을 차지하고 있다. 검은빛 밤송이 안에는 표면을 따라 노란 생식소가 있는데 녹진한 맛과 깊은 바다향이 일품이다. 우리가 흔히 성게알이라고 말하는 생식소는 암컷의 난소와 수컷의 정소 모두를 일컫기에 정확한 표현은 성게소(생식소)라고 해야한다.

독도의 갯바위에는 우리나라 전 해역의 암반 조간대에서 흔히 발견되는 고둥류도 많이 서식한다. 대표적으로 '좁쌀무늬총알고둥', '고랑딱개비', '흰삿갓조개' 등이 있다. 그래서인지, 울릉도 바닷가를 거닐다 보면 따개비 칼국숫집을 자주 발견하곤 한다. 여기서 말하는 따개비는 삿갓조개류(배말)를 일컫는다. 살이 쫄깃하고 끓였을 때 국물이 시원하고 양식산이 없어 전복보다 더 즐겨 먹는 사람들도 많다.

갑각류로는 두껍고 단단한 갑각을 가진 '부채게'가 많이 서식하는데 5월부터 7월 사이에 독도 연안에는 알을 품은 암컷이 흔히 발견된다. 독도새우 3종 세트라 불리는 '물렁가시붉은새우'와 '도화새우', '가시배새우'도 독도의 대표적인 갑각류에 속한다. 독도새우는 주로 동해 200m 이상의 깊은 수심에 서식하고 맛이 좋아 횟감으로 선호되기에 가격 또한 비싸다. 특히 도화새우는 3종 중 가장 비싼 가격을 자랑하는 만큼 그 맛도 으뜸이다. 예전에 도널드 트럼프 미국 대통령이 한국에 국빈 방문하였을 때 대접한 새우로 더욱 유명해진 일화가 있다.

「삼시세끼」 프로그램에 자주 등장했던 '거북손'도 빠질 수 없는 독도의 대표 해양생물이다. 거북이 손 모양을 닮아 거북손이라 부르는

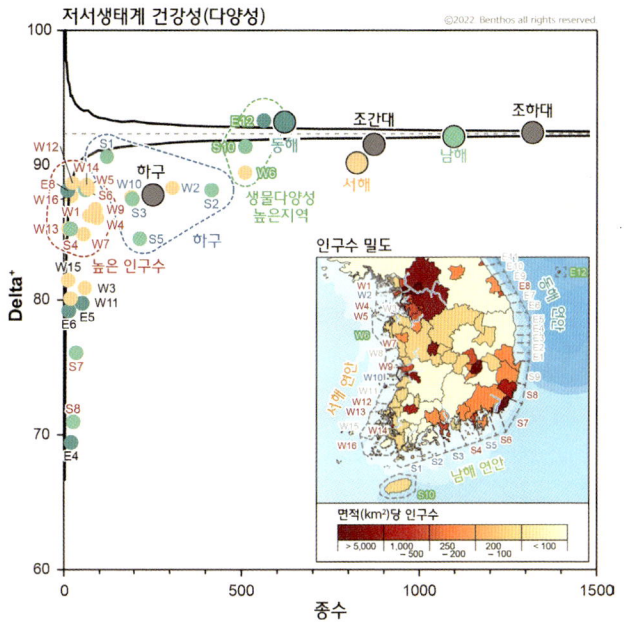

울릉도, 독도(E12) 지역의 저서생태계 건강성은 전국에서 가장 높은 수준으로 확인됨

데, 생긴 것은 연체동물 같지만 실제로는 절지동물문 갑각강에 속하는 생물이다. 바닷물이 들어오면 거북손의 패각이 열리고 그 속에서 '만각'이라는 손 모양의 채찍이 나와 물속을 휘저으며 각종 플랑크톤을 순식간에 먹어 치운다. 이 만각은 따개비나 거북손이 절지동물임을 증명하는 표식과 같다.

한편, 우리 연구에 따르면 독도의 여러 부속 도서 가운데 가장 많은 해양생물이 출현한 곳은 서도 북측에 자리한 '큰가제바위'로 확인되었다. 이 큰가제바위는 예전에 '독도바다사자'가 많이 출현한다고 붙

여진 이름이다(가제는 조선시대에 독도바다사자를 부르던 옛말). 하지만 독도바다사자는 일제강점기 가죽과 기름을 얻기 위한 남획으로 인해 1970년 이후 독도와 울릉도 앞바다에서 완전히 사라져버렸다. 불과 100여 년이 안 되는 시간 만에 무차별하게 희생되어 역사 속으로 사라진 비운의 해양생물이다. 다양한 해양생물이 서식하고 있는 해양생물다양성 천국인 독도 가제바위에서 이제 독도 바다사자를 볼 수 없다는 점은 아쉽고 씁쓸하다.

독도와 울릉도 해양생물이 세계 최고인 이유?

독도와 울릉도 바다가 세계적인 해양생물다양성을 갖게 된 이유가 뭘까? 이를 따져 보기 전에 독도, 울릉도의 지형, 지리적 환경을 잠깐 살펴볼 필요가 있다. 독도는 신생대 시기(460만~250만 년 전) 일어난 화산활동으로 생성되었으며, 이는 울릉도보다 약 210만 년, 제주도와 비교하면 340만 년 앞서 생긴 것으로 알려져 있으며 지형학적으로 해산의 형태로 두 섬이 연결되어 매우 복잡한 산맥을 이루고 있다.

복잡한 해저지형 특성과 더불어 독도와 울릉도는 동해(East Sea) 한가운데 있어 사방으로 해류의 영향을 받는다. 특히, 북쪽의 난류와 남쪽의 한류가 계절별로 세기가 다르게 만나는 등 해수 흐름도 복잡하다. 다이나믹한 해양환경은 독도와 울릉도 주변에 크고 작은 소용돌이를 만들고, 수온과 염분에도 큰 영향을 준다. 결국, 지리적 위치, 기후, 해류, 수온 및 염분 변화 등 복잡한 해양환경이 다양한 서식처를 만들게 됐고, 이에 적응하는 해양생물의 종수와 건강성을 증가시킨 것으로 이해된다.

독도는 우리 땅, 과학자의 역할도 중요

우리는 독도 해양생물의 서식 분포로부터 한 가지 중요한 사실도 알게 되었다. 바로 독도의 해양생물상이 우리나라 동해(East Sea)의 해양생물상과 유사하고, 일본 북부 연안의 해양생물상과는 다르다는 점을 찾았다. 즉 독도의 해양생물이 우리나라 고유의 토종 해양생물이라 주장할 수 있게 되었다. 국가는 영토에 대한 주권을 가지듯이, 바다는 나고 자란 동식물에 대한 권리를 갖는다는 과학적, 논리적 주장이 가능해진 것이다. 독도의 "생물주권"이란 과학적 사실을 전 세계에 지속해서 알리는 일이 중요한 이유이다.

우리는 독도가 분명한 우리 땅이라는 것도 논문의 제목에 직접 표현하였다. 아쉽게도 해외에서 동해는 일본해(Sea of Japan)로 독도는 다케시마(Takeshima)로 불리는 경우가 많다. 그 이유는 단순한데, 'Dokdo'로 명시된 영어 문서나 기록이 적기 때문이다. 그래서 우리는 독도를 연구한 논문을 국제학술지에 게재할 때마다 'Dokdo(독도)', 'East Sea(동해)', 'Republic of Korea(대한민국)'로 제목이나 본문에 반드시 명시하고 있다. 일본어와의 병기는 사절. 앞으로도 우리나라 독도를 Dokdo로, 동해를 East Sea로 명시하는 논문이 더욱 많이 나왔으면 한다.

보물섬 독도와 울릉도를 한국인뿐만 아니라 전 세계인이 인정하고 지켜내야 하는 세계자연유산으로 만드는 노력이 현재 진행 중이다. 독도와 울릉도에 대한 국민적 사랑과 관심, 그리고 국가의 전폭적 지원이 필요하다. 세계자연유산 등재가 곧 이루어질 것을 기대하며, 우리 센터도 6차 독도·울릉도 조사에 착수해야겠다. 곧 다시 만나자, 자랑스러운 우리 땅 독도, 울릉도야!

=== Chapter 1. 바다의 가치 ===

6
바다의 가치 재조명

　우리나라의 136개 기념일 중 바다와 관련된 날이 9개가 있다. 그런데 정부가 주관하는 53개 기념일 중 주관부처가 '해양수산부'인 날을 찾아보니 '바다의 날'이 유일했다. 바다의 날은 1994년 '유엔 해양법협약' 발표를 계기로, 미국, 일본 등이 바다 기념일을 제정하면서 탄생했고, 이제는 전 세계인의 축제일 중 하나로 자리매김하였다.

　우리나라에서는 1996년 바다의 날이 제정되었고, 해상왕 장보고가 전남 완도에 청해진을 설치한 5월을 기념하자는 취지로 5월 마지막 날로 정해졌다. 해마다 5월이 되면 해양수산인을 비롯한 수많은 국민이 함께 참여하며 우리나라 바다의 생일을 자축하는 행사가 전국 각지에서 펼쳐진다. 바다의 가치와 역할에 대해 한번쯤 다시 생각하는 시간을 가진다는 것은 바다를 업으로 살아가고 있는 내게 고맙고, 기쁘며, 뿌듯한 일이 아닐 수 없다.

풍요로운 바다? 아껴쓰는 바다!

숨 쉬는 생명을 잉태한 바다는 우리 삶의 터전이자 밑천이다. 우리가 마시는 산소의 절반은 바다에서 만들어지고, 우리가 먹는 단백질의 30% 이상이 바다에서 나오기 때문이다. 그런데 해양생태계 파괴와 수산자원 고갈은 재생의 한계를 넘어 회복력을 상실하였고, 기후

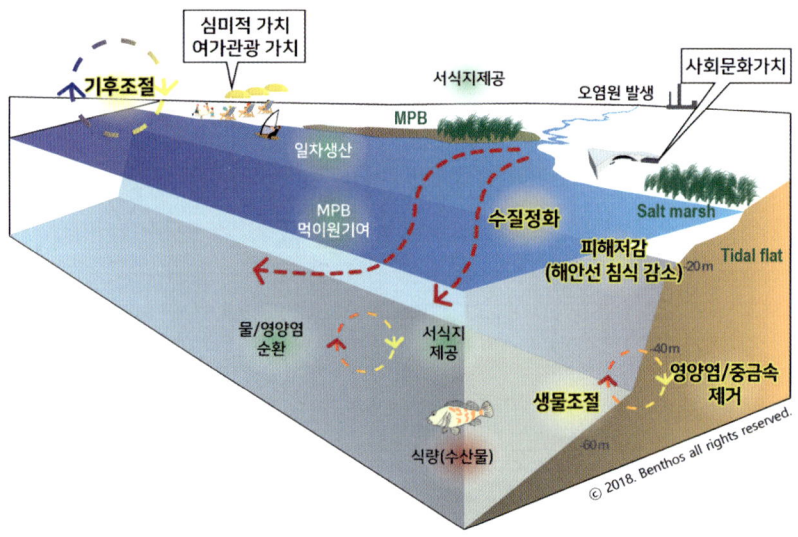

● 공급서비스: 수산물, 의약원료, 화장품원료, 광물자원 등 유형적 생산물 제공 가치
● 조절서비스: 오염 정화, 탄소 흡수, 기후 조절, 재해 방지 등 자연의 조절 능력
● 문화서비스: 생태 관광, 아름답고 쾌적한 경관, 휴양 등 심미적 가치
○ 지원서비스: 서식지 제공, 물질 순환 등 생태계를 지탱하는 가치

위기와 함께 인간 생존마저 위협하고 있다. 바다에 얼마만큼의 자원이 있고, 어떻게 총량을 더 늘릴 수 있을지에 대한 고민은 배부른 소리가 되었다.

지난 반세기 동안 해양생태계는 기후변화, 연안 개발, 해양오염과 같은 다양하고 복합적인 환경문제로 몸살을 앓아왔고, 그 피해는 부메랑으로 돌아왔다. 현재 가용한 바다 자원의 총량은 예전과는 비교할 수 없을 정도로 작아졌다. 자원 회복(예: 해양생태계 복원과 보호)을 위한 과학연구의 고도화와 가용한 자원을 '잘' 쓰는 현명한 전략이 동시에 필요한 때다. 인류세로 명명된 지금의 해양위기를 극복하기 위한 처절한 고민과 즉각적인 실천만이 이 난제를 해결할 수 있다.

2015년 유엔은 지구를 살리기 위한 글로벌 약속으로 17개의 '지속가능한 발전목표(SDG)'를 채택하였다. 그중에는 14번째 목표로 'Life Below Water', 즉 해양생태계와 관련된 인류 공동의 목표도 포함되어 있다. 목표 달성 시기가 명시된 7대 세부 목표는 지금의 바다 상태를 간접적으로 대변하고 있다. 세부 목표는 크게 오염, 복원, 산성화, 남획, 해양 보호지역, 수산 보조금, 해양자원 등인데, '해양생태계서비스 증진'이란 화두로 귀결된다.

생태계서비스 편익의 전제는 자연에 대한 인간의 투자에 있다는 점에서 서비스 증진은 무조건적 보호라기보다 효과적인 이용이 중요하다. 예를 들어, 만선을 이룬 어부의 기쁨은 지속되기 어렵지만, 적정 수준의 물고기만 잡는 어부는 가족과 자손 대대로 풍족한 어장을 물려주는 행복한 삶을 누릴 수 있음을 생각할 수 있다. 인간 활동의 영향으로 황폐해진 바다의 건강성을 회복하고 미래세대에게 지속가능한 바다를 물려주기 위해 우리는 바다를 '어떻게' 현명하게 '잘' 쓸 수 있을지를 이제 고민해야 한다.

어떻게? 해양공간계획이란?

우리 바다, 그렇다면 어떻게 잘 이용할 수 있을까? 세계 각국은 해양을 체계적이고 효과적으로 이용하기 위한 핵심 수단으로써 '해양공간계획'에 주목하고 있다. 해양공간계획은 해양의 지속가능한 이용개발 및 보전을 위한 공간계획을 수립하여 공공복리를 증진하고 해양을 풍요로운 삶의 터전으로 조성하는 것을 목적으로 한다. 높은 성장 잠재력을 가진 해양을 개발하려는 인간의 욕구는 새로운 경제성장의 기회를 제공하기도 하지만, 동시에 해양공간에 대한 경쟁과 이용 사이에서 갈등이 초래될 수 있다. 그리고 갈등의 심화는 결국 지속가능한 해양생태계 보전이란 목표를 달성하는 데 걸림돌이 될 것임은 자명하다. 이런 이유로 해양생태계와 해양자원을 효과적으로 관리하고 지속가능한 해양공간 질서를 확립하는 것이 필요하다.

최근 이와 관련한 국제사회 움직임도 활발해졌다. 현재까지 우리나라를 포함하여 전 세계 65개국 이상이 해양공간계획을 도입했거나 도입을 추진 중이다. 미국, 일본, EU 등 2000년대부터 해양공간계획을 일찍 도입한 선진국들은 계획 수립, 및 공간계획 이행은 물론 그 효과

우리나라 갯벌의 생태계서비스 가치 약 연간 18조 원

성까지 검증하였다. 해양공간계획의 효과는 명확하다. 이용·행위별로 최적의 공간을 사전에 할당하기 때문에 갈등 및 거래비용이 절감되고, 불확실성 감소로 인한 투자환경 개선이란 경제적 효과를 창출한다. 또한, 해양생태계 보전 및 해양생물다양성 증진 등 생태계 측면의 긍정적 역할도 크다. 정책적 측면에서는 통합적 해양공간관리를 통해 의사결정의 신속성과 합리성 제고로 조정의 효율성을 높일 수 있다. 해양공간계획은 인간 활동과 해양생태계 간의 조화를 추구함으로써 해양생태계서비스를 지속시키는 강력한 실행 수단인 셈이다.

해양생태계서비스 가치평가 연구 본격 개시!

그렇다면 해양공간계획에서 중요한 것은 무엇인가? 바다가 우리에게 주는 다양한 생태계서비스 가치를 정성·정량적으로 분석하여 그 결과를 공간계획에 잘 반영하는 것이 중요하다. 해상풍력을 예로 들어보자. 특정 지역에 해상풍력 발전단지를 설치하려고 할 때, 해상풍력이 주는 혜택(친환경 에너지 생산 등)과 피해(수중소음, 전자기장, 부유사로 인한 해양생태계 피해 혹은 수산자원 감소 등)를 경제적 화폐단위로 환산하여 비교할 수 있다면 그 건설 여부를 쉽게 결정할 수 있을 것이다. 하지만 해양생태계서비스 가치를 정확히 평가하기란 쉽지 않다. 생태계가 제공하는 다양한 유·무형의 혜택을 화폐로 환산하는 것이 어려울뿐더러 사람에 따라 해양생태계가 제공하는 서비스 가치에 대한 체감 정도가 다르기 때문이다.

전 세계적으로 지난 10여 년간 해양생태계서비스의 가치평가에 관한 연구는 폭발적으로 증가해 왔다. 우리나라가 선진국에 비해 10여 년 뒤늦게 관련 연구가 시작된 것은 아쉬운 대목이다. 우리나라 최초의 해양생태계서비스 가치평가 연구는 2010년 한국해양수산개발원에서 수행한 바 있다(남정호 외, 2010). 해당 연구는 기존 연구 결과를 분석 종합하여 연안해역의 가치를 정략적 관점에서 평가했다는 점에서 의미가 크다. 연구진은 선호도 기반 평가 방법으로 추산된 연안생태계의 경제적 가치가 국내총생산(2010년 GDP 1,203조 원)의 3.8%인 약 46조 원이라 제시하였다. 하지만 해당 연구는 해양생태계서비스의 대상, 유형, 범위가 통일되지 않은 점과 기존 결과를 활용해서 일반화가 어렵다는 점 등이 한계로 지적되었다.

이후 우리나라 연안의 생태계서비스 가치평가 연구가 한국해양수산개발원 주관으로 2017년부터 본격적으로 시작되었다. 연구의 목표는 전국 연안을 대상으로 해양생태계의 공급, 조절, 문화, 지지서비스를 각각 산출하고, 통합공간분석 방법을 적용하여 전체 서비스 가치를 산정하는 것이었다. 나아가 현명한 해양 이용과 개발을 위한 의사결정 지원시스템을 구축하는 것도 포함되었다. 이 연구에 참여했던 우리 연구진은 해양생태계 구조와 기능 규명을 목표로 조절 및 지원서비스에 대한 정략적 가치평가 결과를 제시한 바 있다.

연구의 일부 결과는 언론을 통해 최근 소개된 바 있다. 우리나라 갯벌의 조절, 문화서비스 가치가 연간 17조 8,000억 원에 이른다는 고무적인 사실이 밝혀졌다. 당시 보고된 조절서비스 가치에는 유기물 정화, 인 정화, 질소 정화 등 대표적인 수질정화 서비스와 재해 저감, 탄소저장 등 다양한 새로운 서비스가 포함됐다는 점에서 기존 연구의 한계를 어느 정도 극복했다는 긍정적 평가를 받았다. 하지만, 실제 자연의 조절서비스는 무궁무진하므로 제시된 조절서비스 가치 역시 제한적이라는 사실은 분명하다. 우리나라 갯벌의 생태계서비스 가치평가에 관한 지속적 연구가 필요한 이유다.

K-갯벌의 생태계서비스 가치평가 결과

최근 우리 연구진은 갯벌의 유기물 정화 측면에서 조절서비스 가치평가 결과를 보고하였다. 해양의 유기물 정화는 생·지·화학적 순환 프로세스를 고려할 때 크게 휘발, 분해, 유출(연안으로의), 퇴적을 통한 제거로 나눌 수 있다. 우리는 퇴적을 통한 제거에 초점을 두고, 전국 연안의 대표 갯벌 20개 지역에서 채취한 코어퇴적물 내 질소 저장량과 침적률을 측정한 후, 원격탐사 기법으로 전국 단위에서 갯벌 퇴적물에서 제거되는 질소의 양을 추산하여 유기물 정화의 조절서비스 가치를 평가하였다.

분석 결과, 경기도(인천 포함)의 유기질소 저장량이 약 72만 톤으로 전국에서 가장 높았고, 강원도가 약 6백 톤으로 가장 낮았다. 아울러, 전국 연안 조간대 갯벌은 약 152만 톤의 총질소를 저장하고 있으며, 연간 약 8천 톤의 질소를 침적한다는 사실을 새롭게 밝혔다. 한편

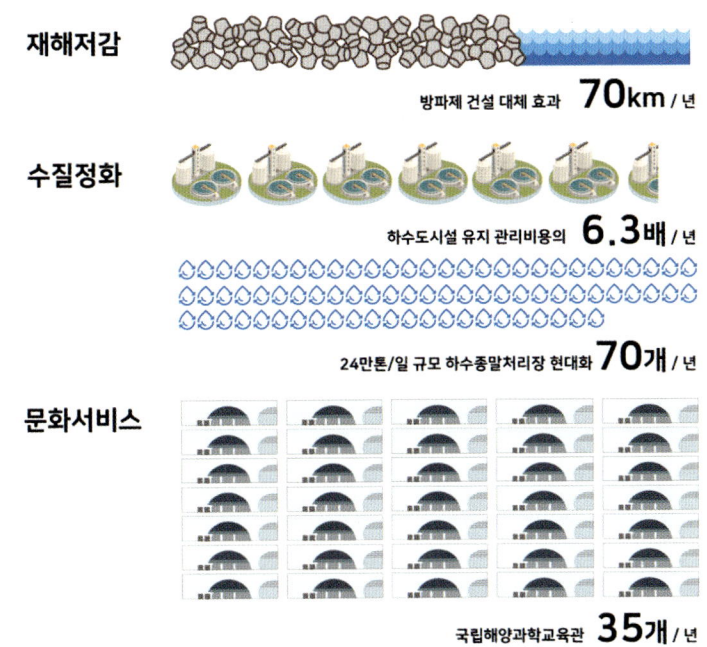

우리나라 갯벌의 가치평가 고도화 연구

조간대 갯벌의 연간 정화서비스 가치는 최대 3,624억 원으로 확인되었으며, 이는 대도시 육상기원 유기물 제거를 위한 완충 저류시설의 설립비용이 약 700~800억 원(울산미포국가산업단지 완충 저류시설 예시, 2021년 6월 준공)인 점을 고려하면 갯벌의 정화서비스 가치가 월등히 크다는 사실을 알 수 있다.

다음으로, 조간대 퇴적물의 블루카본 잠재량 산정을 바탕으로 전국 갯벌의 탄소흡수 조절서비스에 대한 가치평가도 이루어졌다. 현장조사 및 원격탐사 자료를 종합적으로 분석하여 전국 단위로 우리나라 갯벌의 탄소저장량을 산출하였다. 그 결과 경기도(인천 포함)의 유기탄소 저장량은 약 6백만 톤으로 전국에서 가장 높았고, 강원도가 약 4천 톤으로 가장 낮은 것으로 밝혀졌다. 아울러, 전국 연안 조간대 갯벌은 약 1,300만 톤의 유기탄소(이산화탄소 환산 4,800만 톤)를 저장하고 있으며 연간 약 7만 톤 (이산화탄소 환산 26만 톤)을 침적한다는 사실을 새롭게 알아냈다. 이는 연간 승용차 11만 대가 배출하는 이산화탄소량과 유사한 수준이다.

탄소저장 조절서비스 평가를 위해 우리는 지역별 유기탄소 저장량 및 연간 유기탄소 침적량에 온실가스 배출권 비용(현재 시세 및 역대 최고 시세)을 적용하여 경제적 가치를 추산하였다. 온실가스 배출권 거래제는 정부가 사업장의 온실가스 배출량을 평가해 여분 또는 부족분의 배출권에 대해 사업장 간 온실가스 배출권의 거래를 허용하는 제도로서 우리나라는 2015년부터 시행 중이다. 이산화탄소의 경제적 가치평가는 한국개발연구원(2021)이 제시한 톤당 4만 3,000원을 적용해서 계산하였다. 그 결과, 우리나라 갯벌은 평균적으로 $1km^2$ 당 약 30톤의 이산화탄소가 매년 저장되는데, 이는 최대 130만 원가량의 가치를 가지며, 전국 연안 조간대 갯벌의 연간 경제적 가치로 환산하여 최대 120억 원에 이른다.

재해저감 조절서비스 가치평가는 갯벌이 없는 상황을 시뮬레이션한 뒤 피해저감에 필요한 대체 방파제 건설 비용을 산정함으로써 경제성 효과를 평가하였다. 태풍 해일로부터 바닷가 지역의 재산을 보호하고 인명 손실을 막는 재해저감 서비스 혜택의 가치는 연간 2조 1,414억 원으로 파악되었다. 매년 70km의 방파제 건설(경기만 지역 방파제 건설 평균단가 3,092만 원/m 적용)을 대체하는 효과와 맞먹는다.

관광, 휴양, 경관, 심미, 교육, 유산, 영감을 아우르는 갯벌의 문화서비스 혜택은 앞선 방법과 달리 개인당 지불의사 금액을 적용하여 추산하였다. 문화서비스는 무형의 비시장 가치라는 특성을 고려하여, 선호도 기반 가치평가법과 지출 비용 기반 시장가격법을 병행해 평가하였다. 이를 위해 전국 367개 해양관광지의 방문객 빅데이터가 이용되었다. 평가 결과, 문화서비스의 가치는 연간 1조4,335억 원으로, 기존에 알려진 6,228억 원보다 2배 이상 큰 것으로 나타났다. 이는 경북 울진군에 자리 잡은 국립해양과학교육관과 같은 시설 35개를 건설하는 비용과 맞먹는다.

우리가 계속해야 할 일

우리나라 바다와 갯벌의 생태계서비스 가치평가에 대한 융합연구 역사는 그리 길지 않다. 우리나라 해양과학이 1960년대 태동하면서, 우수한 기초과학 연구 실적이 속속 나오고 있지만, 융합연구의 길은 멀고 험한 것 같다. 이번 연구는 갯벌의 가치평가에 대한 국내 최초의 다학제간 공동연구였다는 점에서 의미가 크다. 특히, 갯벌 생태계서비스 중 조절서비스와 문화서비스 가치평가 부분은 갯벌 보전과 복원의 타당성을 과학적으로 입증한 국내 최초 연구로서 향후 관련 연구의 초석을 마련했다는 점에서 매우 고무적인 성과라 하겠다.

이제 우리나라도 해양생태계서비스 가치평가 연구에 가속도가 붙은 것 같다. 최근 탄소흡수 능력이 인정된 K-갯벌의 가치와 역할에 관한 고도화 연구를 지원하는 정부 차원의 지속적인 그리고 통 큰 R&D 투자를 기대해본다. 해양공간계획의 필수라고 할 수 있는 해양생태계서비스 가치평가 연구는 일회성으로 끝나서는 안 된다. 생태계서비스의 대상과 유형 확대, 정량화의 객관화 및 현실화, 전국 서비스 추산의 대표성 확보, 영향평가의 고도화 등 아직도 해결해야 할 일이 많기 때문이다. 전 세계인이 세계자연유산이 된 K-갯벌과 그 가치를 규명하기 위해 함께 연구하고 고민하는 아름다운 콜라보도 상상해 본다. 선진국 반열에 오른 우리나라의 해양 기초과학 역량이 다양한 국가 해양 난제를 해결해 줄 주춧돌이 되기를 바란다.

김종성 교수의 우리 바다 우리 생물
Chapter 2

해양생태계의 위기

Chapter 2. 해양생태계의 위기

간척의 희생양 갯벌 생물

시원하게 탁 트인 쪽빛 매력 동해, 땅끝에서 새롭게 펼쳐지는 핑크빛 카리스마 남해, 그리고 따뜻하고 포근한 황톳빛 서해, 한반도 삼면에 펼쳐진 아름답고 풍요롭고 건강한 우리나라의 바다다. 그중에서도 한반도와 중국 사이에 있는 황해(黃海)의 일부인 우리나라 서해 갯벌은 '한국의 갯벌'이란 이름으로 유네스코 세계자연유산에 당당히 올라 있다. 황해 연안에는 총 18,000km²에 이르는 드넓은 갯벌이 펼쳐져 있고, 한반도 서해에만 남북한에 걸쳐 약 4,500km²의 갯벌이 있다. 이는 갯벌로는 세계 최초로 세계자연유산에 등재된 북유럽 와덴해 4,700km²의 광활한 갯벌에 필적한다.

갯벌이 국내에 소개되고, 갯벌 생태연구가 시작된 것은 1980년대 초반이다. 나의 은사인 서울대 고철환 명예교수님께서 독일 킬대학에서 해양생물학 공부를 마치고, 1981년 서울대로 부임하시면서 한국의 갯벌 생태연구가 비로소 시작되었다. 고철환 교수님은 조개, 갯지렁이, 저서규조류와 같은 갯벌 저서생물 연구를 30년 넘게 하신 우리나라 갯벌 생태학의 선구자로 평생 연구한 결과를 1,000페이지가 넘는 '한국의 갯벌'이란 책으로 엮어냈다. 나는 고철환 교수님께 연구실을 물려받고 갯벌 생태연구의 연장선상에서 지난 15년간 '서해조사'를 진행해 왔다. 그리고 지금의 서해조사는 더욱 진화하여 저서생물 군집, 생태계 먹이망, 퇴적물 오염 및 건강성 평가, 해양생태계서비스 가치평가 등 다양한 분야로 확장되었다.

서해 연안 간척의 최대 희생양, 시화와 새만금

지난 반세기 서해 연안은 간척의 희생양이자 해양오염의 글로벌 아이콘이었다. 1980년대까지 남북한 서해 갯벌의 총면적은 약 $10,500km^2$로 드넓게 발달했지만, 2010년대 후반까지 약 $6,700km^2$로 급격하게 감소하였다. 지난 반세기 동안 해마다 갯벌 면적이 약 1%씩 줄어든 것이다. 가장 큰 이유는 1990~2000년대에 집중된 대규모 갯벌 간척과 매립 때문이다. 중국 황해 연안을 포함하면 지난 40년 동안 황해에서 이루어진 간척의 총면적은 $9,700km^2$에 이른다. 결국 서해를 포함한 황해 전체 갯벌의 절반가량이 지속된 간척과 매립으로 사라졌고, 그 안의 해양생태계는 모두 파괴된 것이다. 2018년 우리는 이처럼 갯벌 감소로 손실된 해양생태계서비스 가치가 연간 약 8조 원에 이른다는 결과를 발표한 바 있다. 우리나라 서해만 따져보면 해양생태계서비스 가치손실액은 연간 약 2조 원에 육박한다.

서해 연안 간척의 흑역사에서 빠지지 않는 주인공이 있다. '베스트셀러'는 시화호이고, '스테디셀러'는 새만금이다. 산업화의 아이콘인 시화, 반월공단에 필요한 산업용수의 확보와 시화 간척으로 조성된 농지에 필요한 농업용수를 제공한다는 명분으로 1994년 12.7km의 시화방조제가 건설되면서 180km²의 광활한 시화 갯벌은 역사 속으로 사라졌다. 그 후, 시화호 내부의 수질 악화, 저서 퇴적층 빈산소화, 육상기인 오염부하 증가 등 예상치 못한 환경오염 문제는 시화호를 죽음의 호수로 만들었고, 얼마 가지 않아 시화호 내부는 갯벌 생물의 무덤밭으로 전락했다.

2000년 초 정부는 시화호 이슈를 더는 감당하지 못하게 되자 수습 대책으로 시화호를 특별관리해역으로 지정하고, 원래 목표인 담수화 대신 해수 유통을 통한 조력 발전을 추진하기에 이른다. 2011년 조력발전소가 준공되고 본격적으로 가동되면서 해수 유통에 따른 화학적산소요구량 등 일부 수질이 개선됐지만, 다이옥신, 중금속 등 육상으로부터 끊임없이 시화호로 유입되는 유기독성 오염물질은 오랫동안 잔류하면서 독성을 일으켜 근본적 회복을 기대할 수는 없었다.

현재진행형인 새만금은 또 어떤가? 새만금은 지리적으로 만경강과 동진강이란 서해 중심부의 젖줄이 흘러 들어가는 바다에 위치하며 약 233km²에 달하는 드넓은 갯벌평야를 자랑하는 명실공히 한국의 대표 갯벌이었다. 하지만 2006년, 약 33.9km의 세계 최대규모의 연속 방조제가 건설되었고, 장엄한 위용을 가졌던 새만금 자연 갯벌은 자취를 감춰버렸다. 과거 새만금은 232종의 저서미세조류와 173종의 대형저서동물이 서식할 정도로 매우 높은 해양생물다양성과 일차생산력을 보유하였던 서해 갯벌의 아이콘이었다. 방조제 건설에 따른 새만금 갯벌의 유실과 갯벌생태계 파괴로 우리는 천문학적 가치를 지닌 새만금 생태계서비스를 잃어버렸다. 갯벌이 사라지면서 갯벌의 주인공인 수많은 저서동물은 모두 죽었고, 해마다 찾아들던 수십만 마리의 철새들도 먹이를 잃고 갈 길을 못 찾아 결국 저서동물과 공멸의 길을 함께 했다.

새만금 문제해결은 아직도 끝이 보이지 않는 마라톤 같다. 새만금 계획이 계속 바뀌고, 뚜렷한 대안이 없기 때문이다. 새만금 역시 가장 중요한 목적이었던 농업용지 조성이 철회되었고, 사실상 담수화도 포기한 상황이다. 지금은 산업단지, 항만, 공항 건설을 위한 기초 작업이 진행되고 있고, 조력 발전, 태양광 발전까지 추진 중이다. 결국, 새만금도 시화호의 비극을 되풀이하고 있는 것과 다를 바가 없고, 그 비극의 끝도 크게 달라지지 않을 것 같아 걱정이다.

서해 연안 생태계 건강성 평가의 뉴패러다임

다른 해역보다 인간의 활동이 많고 다양하며 복합적인 서해에는 끊임없이 해양환경 문제가 대두되어왔다. 사실 특별한 대안 없이 서해 연안의 생태계 피해는 고스란히 바다의 건강성 악화와 해양생태계서비스 하락으로 이어져 왔다. 시화호, 아산-삽교호, 태안, 금강, 그리고 영산강 등 서해 연안 여러 지역에 산업단지, 조력발전소, 방조제 등이 끊임없이 들어섰고, 육상기원 유해물질의 지속적인 바다 유입과 해수 순환 악화, 퇴적상 변화 등 환경압력은 해양생태계 파괴를 재촉했다.

나는 서해 연안의 생태계 건강성을 확인하고 평가하기 위해 고철환 교수님이 국내 정착한 퇴적물 건강성 평가법(Triad)을 줄곧 발전시켜 왔다. 즉 퇴적물 건강성을 확인하는 방법으로 세 가지 방법을 동시에 적용하는 것이다. 첫째는 오염물질의 농도를 분석하는 화학적인

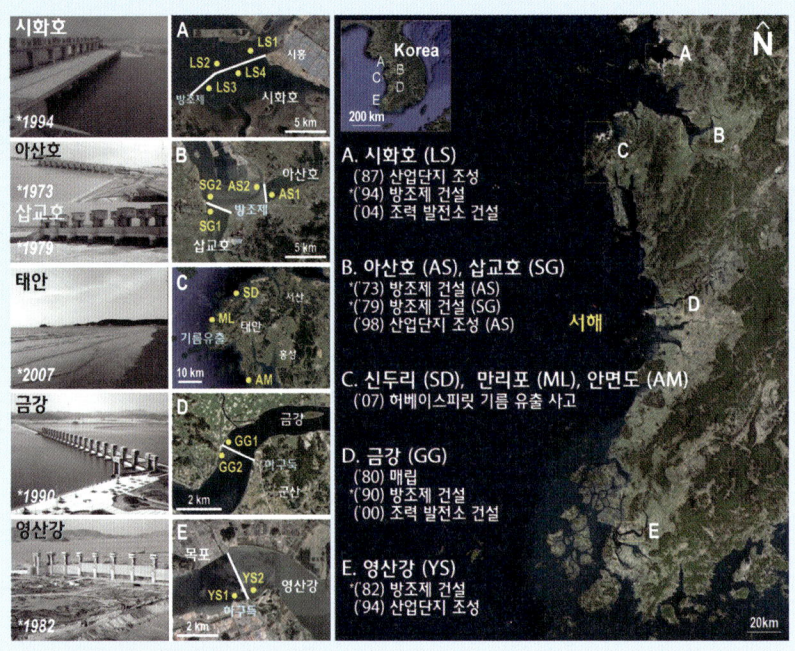

서해연안 장기 생태계 모니터링 연구 방법

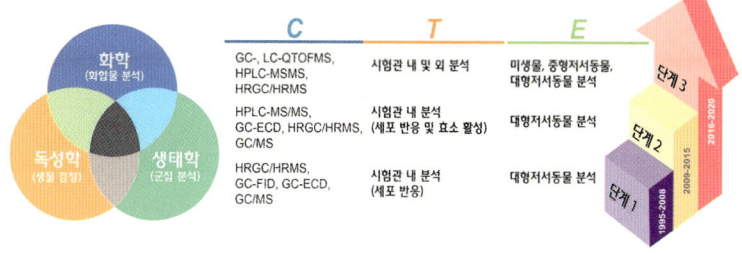

서해연안 주요 지역 장기 생태계 모니터링 연구 결과 예

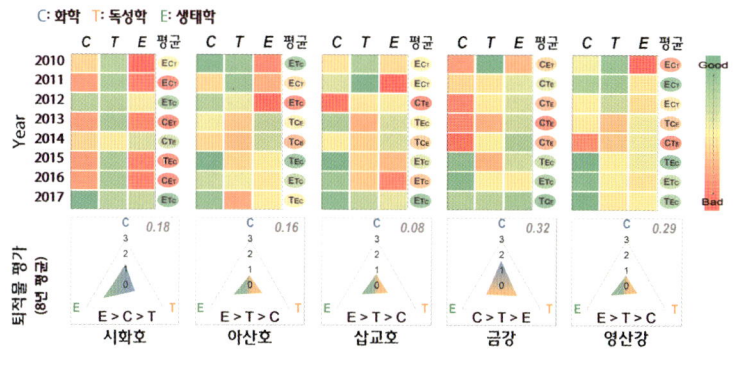

김종성 교수와 서해연안 장기 생태계 모니터링 조사 팀

서해조사(2008~현재)지역, 연구 방법 및 주요 결과

방법, 둘째는 세포, 개체 수준에서의 영향을 확인하는 독성학적 방법, 그리고 셋째는 퇴적물에 서식하는 저서생물의 군집 영향을 파악하는 생태학적 방법이다. 우리는 지난 15년 이 세 가지 평가 요소를 함께 적용하여 우리나라 전국 연안의 퇴적물을 평가하였고, 그 평가항목을 계속 확장해 왔다. 특히, 2010년대 들면서 대상 오염물질의 분석법을 새롭게 개발하고, 새로운 생체 독성 메커니즘을 찾아냈으며, 군집 분석의 대상을 대형저서동물에 국한하지 않고 중형저서동물, 퇴적물 내에 사는 미생물까지 포함하면서 포괄적 개념의 생물영향 평가기법으로 발전시켰다.

2008년 시작된 우리의 서해조사는 거듭 진화해 왔다. 서해조사 초기에는 5명 남짓한 인원으로 단출하게 시작했지만, 최근에는 서울대를 비롯하여 안양대, 한국해양대, 군산대, 충남대, 인하대, 세종대, 공주대 등 벤토스 네트워크 9개 실험실의 40~50명이 대거 참여할 정도로 커졌다. 우리가 이 서해조사를 계속 함께해 온 첫 번째 이유는 공감이다. 과학적 질문에 대한 개인적 호기심이 없다고 할 수는 없지만, 우리 모두 버려진, 망가진, 훼손된 서해 연안과 우리 바다를 잘 이해하고 공부해서 해결할 방안을 만들어 보자는 열정과 꿈이 있기 때문이다.

서해 갯벌에 풍요로움을 주는 개척자, 저서미세조류

황톳빛 서해의 색깔은 갯벌 퇴적물로부터 기원한다. 지금의 황해는 마지막 빙하기가 끝나고 약 8천 년 전에 지구의 바다가 높아지면서 만들어졌고, 지금과 같은 서해 갯벌은 대략 7천 년 전에 형성되었다고 한다. 서해는 조차가 크고, 수심이 얕으며, 경사가 완만해서 갯벌이 잘 발달할 수 있는 천혜의 조건을 가지게 되었다. 수천 년 동안 육상의 강과 하천으로부터 공급된 토사가 서해에 차곡차곡 쌓이면서 갯벌 퇴적층이 만들어진 것이다. 서해는 지형·지리적 특성상 갯벌이 잠기고 노출되는 동안 퇴적물이 끊임없이 재부유되면서 탁도가 높아져 늘 황톳빛 색을 띠게 되었다.

한편 갯벌 퇴적물 표층에 사는 저서미세조류 중 주인공은 단연 저서성 규조류다. 규조류는 수~수백 마이크로미터 크기를 갖는 단세포 미세식물로 지구상에 출현한 것은 대략 페름기 대멸종 사건 이후인 약 2억6천만 년 전으로 추정된다. 밀물 때 갯벌이 물에 잠기면 퇴적물 아래쪽으로 이동하고, 썰물 때 갯벌이 햇빛에 노출되면 광합성을 하기 위해 표층으로 올라오는, 수직 이동하는 식물이다. 여기서 재미난 현상이 하나 있다. 밀물 때 갯벌로 물이 들어오면서 파도가 치고 그 파도에 의해 표층의 퇴적물이 수층으로 뜨게 되는데 이때 퇴적물 입자에 붙어있는 규조류도 함께 수층으로 유입된다. 즉 저서성 규조류라고 퇴적물에만 사는 것이 아니고 일정량은 계속 수층에 부유한 상태로 존재하게 되는 것이다. 그러다 수층에 있는 물고기의 밥이 되기도 한다. 여하간 이렇게 물에 뜬 규조류도 노란색 엽록소와 함께 황갈색 규조소라는 색소체를 가지고 있어 서해의 바닷물은 파랗게 변할 틈이 없다.

2002년 내가 박사과정 중반 때 은사님인 고철환 교수님이 일본 사

서해 연안 저서 규조류 생태연구

가대학으로 안식년을 가셨다. 이때 나는 일본 칠포 갯벌에서 규조류의 일차생산과 재부유 메커니즘을 연구하는 선생님을 따라 일본 갯벌을 여러 차례 방문하였고, 1년간 일본 학생들과 함께 생산한 자료를 가지고 공동 논문을 작성하게 되었다. 우리는 갯벌 상부의 표층 퇴적물에 사는 저서성 규조류가 밀물 때 50% 이상 재부유되고, 이렇게 재부유된 규조류가 썰물과 함께 외해로 최대 1.5km까지 빠져나간다는 사실을 현장 자료에 기반하여 세계 최초로 규명하였다. 그 후 몇 편의 규조류 생태 논문을 발표했지만, 규조류의 생태연구는 2006년 박사과정을 마치면서 아쉽게 종료되었다. 그 이후에도 규조류의 생태 거동에 대한 궁금증은 한동안 사라지지 않았던 기억이 있다.

2012년 서울대 부임 이후, 갯벌 규조류 연구가 다시 시작됐고, 최근 중요한 결과를 학계에 보고하였다. 사실, 저서미세조류가 퇴적물에 잘 붙어 있는 이유는 이들이 분비하는 세포외고분자 물질, 일명 EPS (Extracellular Polymeric Substances) 때문이다. 규조류와 같은 저서미세조류가 분비하는 EPS는 탄수화물, 단백질, 지방이 복합된 물질로 갯벌 표면을 끈적끈적하게 만들어 퇴적물이 쉽게 부서지지 않게 해준다. 그래서 저서미세조류가 많으면 침식이 덜 일어나고 갯벌에 서식굴을 파고 사는 저서생물의 집도 잘 부서지지 않게 하는 고마운 물질이다. 우리는 최근 연구를 통해 저서성 규조류가 분비하는 EPS 물질의 종류가 다양하고, 특정 환경에 우점하는 규조류가 우점할 때 더 많은 EPS 물질을 분비해서 퇴적물 안정도를 증가시킨다는 사실을 현장 무어링 실험으로 확인하였다. 이번 연구는 인하대학교 해양과학과 하호경 교수님의 '연안해양관측연구실'과의 공동연구로 생태적 해양 현상을 퇴적학적 측면과 결합하여 해석한 보기 드문 융합해양학의 성과로 그 의미가 크다고 생각한다.

갯벌법에 거는 기대, 그리고 우리의 숙제

인간의 욕심으로 바다는 지속적 개발과 무분별한 이용이란 착취 대상으로 인식되어왔다. 특히, 땅덩어리가 적은 우리나라에서 서해 갯벌은 과거 가장 쉽게 버려도 되는 쓸모없는 땅으로 여겨졌다. 그렇게 하나둘 잃어버린 우리나라 갯벌이 지금 남아있는 갯벌의 면적만큼 크다면 믿을 수 있을까? 실제 서울시 면적의 4배, 제주도보다도 컸던 자연 갯벌이 지난 반세기 모두 사라졌다. 다행히 지금은 개발보다는 보전이 가치가 있고 더 중요하다는 사실을 우리 모두 알게 되었다. 2019년 제정된 '갯벌 및 그 주변 지역의 지속가능한 관리와 복원에 관한 법률'(약칭 갯벌법)로 우리는 더는 대규모 간척을 걱정하지 않게 되어 참 다행이다. 이 법에 따라 우리는 앞으로 5년마다 갯벌을 관리하고 복원하는 기본계획을 세워야 하고, 그 기본계획에 따라 매년 일정 면적 이상의 갯벌이 복원될 것이기 때문이다. 갯벌 복원에 청신호가 켜진 셈이다.

그런데 갯벌 기본계획을 위해 꼭 필요한 것이 있다. 바로 과거와 지금의 갯벌을 정확히 진단하고 평가하는 일이다. 여기서 문제는 과거의 갯벌을 어떻게 평가할 것이냐는 것이다. 사실 갯벌에 대한 조사와 연구가 그동안 간간이 있었지만, 객관적으로 과거와 현재를 평가할 만한 과학적 자료가 매우 미흡하다. 또한 갯벌의 생태, 환경, 건강성, 지형, 지리 등 수많은 분야와 요소에 대해 체계적이고 과학적으로 평가할 수 있는 표준 가이드라인, 지침 등도 부재하다. 갯벌 환경의 특성상 생태계의 지속성, 연속성, 변화와 변동, 압력과 영향요인 등에 대한 체계적이고 장기적인 조사와 분석 결과가 미흡한 상황에서 과연 기본계획을 잘 만들 수 있을지 반문하지 않을 수 없다. 이번 갯벌법에서 대상 지역을 '갯벌과 그 주변 지역'으로 확장한 것은 바람직하지만, '주변지역'의 정의가 수심 6m 이내의 해역이 포함되면서 조하대를 포함하는 광역지역에 대한 데이터베이스가 잘 갖춰지지 않았다는 점이 걱정된다. 새삼 국가 장기 생태계 모니터링에 관한 아쉬움이 커지는 요즘이다.

우리 연구실은 지난 15년간 갯벌을 포함해서 전국 연안의 하구와 연안을 대상으로 장기 생태계 연구를 진행해 왔다. 지난 15년의 서해

조사는 우리에게 남다른 의미가 있다. 바로 연구의 '확장성'이란 점을 강조하고 싶다. 연구분야와 주제, 대상지역과 정점수, 그리고 참여자 모두 확장됐고, 그 연구 결과도 지속적으로 나오면서 주변의 관심과 기대가 점점 커져 왔다. 해양학의 개념적 경계를 허물고 융합해양학으로 발전시키고자 노력한 보람이 있는 것 같다. 앞으로도 우리의 작은 노력과 과학적 성과가 우리나라 바다와 우리나라 생물을 지키고 잘 가꾸는데 좀 더 직접적으로 쓰일 수 있는데 힘쓰고 싶다. 과학에 기반한 정책을 입버릇처럼 말해 왔는데 이제는 실천이 더욱 중요할 것 같다. 아직 밝혀내지 못한 우리 바다와 우리 생물이 주는 숨겨진 해양생태계서비스 가치를 찾아내는 보물찾기의 즐거운 여정은 끝이 없을 것 같다.

② 해양오염과 연안 생태계 파괴

약 25년 전 대학원 시절, 화성 갯벌 조사 때 일이다. 당시 내 임무는 갯벌 1m³ 내에 사는 가리맛조개를 모두 잡는 것이었다. 허리까지 빠지는 찐득찐득한 뻘 갯벌과의 치열한 사투였다. 3시간 넘도록 뻘을 파헤치고 뒤집고 만지작거리며 마침내 1m³ 안에 있는 가리맛조개를 모두 잡아냈다. 뻘로 온몸이 뒤덮였지만, 그 순간 너무나 기뻤고, 고생한 보람도 컸다. 가리맛조개를 갯벌 표면 위에 하나둘 놓아가며 계수를 해 보니 무려 200개체가 넘었다. 정말 대단한 밀생의 현장이었다.

그런데 안타깝게도 2003년 화성호 방조제가 완공되고 갯벌이 말라가면서 가리맛조개는 떼죽음을 당했다. 방조제 완공 후 수질 악화에 따른 산소 부족과 육상으로부터 유입된 오염물질이 정화되지 않고 퇴적층에 지속해서 쌓이면서 갯벌은 가리맛조개의 무덤이 된 것이다. 이렇게 갯벌과 연안의 생태계가 파괴된 사례는 비단 화성호뿐만이 아니다. 앞서 언급한 시화호, 새만금, 그리고 화성호 등 우리나라 서해 연안 전체가 간척과 매립 등 다양한 개발압력에 따라 연안 생태계는 속수무책으로 그 피해를 고스란히 떠안아 왔다.

바다와 해양생태계의 위협

실상 바다와 해양생태계를 위협하는 압력요인은 무수히 많다. 지난 수십 년간 우리나라 바다를 괴롭혀온 주범은 연안 간척과 육상의 4대강 사업과 같은 대규모 개발사업이었다. 연안과 육상에서 자행되는 각종 개발사업은 수질 악화의 주범이며, 궁극적으로 바다의 부영양화를 초래하고 적조까지 유발한다. 여름철 주로 발생하는 적조는

방조제 건설 전 갯벌에 밀생하던 가리맛조개 ⓒ고철환

방조제 건설 후 폐사한 가리맛조개의 무덤 ⓒ고철환

고수온과 함께 해양생태계뿐만 아니라 양식장에 큰 피해를 줘 골칫덩어리기도 하다.

시시때때로 발생하는 해양 유류사고도 늘 바다를 위협하는 단골 불청객이다. 2007년 태안 앞바다를 검게 물들인 허베이스피리트 유류사고로 인근 해양생물은 몰살당했고, 수많은 사람이 피해를 봤다. 특히 다환방향족탄화수소와 같은 유류 성분은 발암성이 있고, 해양생물에게 갖가지 독성을 유발한다. 잔류성유기오염물질의 하나로 생물농축과 먹이그물을 통한 생물확대*로 해양생태계 전반에 피해를 준다는 점에서 파괴력이 매우 크다. 다행히 직격탄을 맞은 태안 앞바다와 해양생태계가 15년이 지난 지금 잊힐 만큼 회복됐지만, 그간 잃어버린 생태계서비스 가치는 실로 컸고 언제라도 다시 발생할 수 있어 그 위협은 늘 도사리고 있다.

해양오염의 주된 원인, '잔류성유기오염물질'

앞서 언급한 유류성분인 다환방향족탄화수소도 잔류성유기오염

---

* 하등생물에서 고등생물로 이어지는 먹이사슬을 통해 생물의 체내 독성 물질이 먹이사슬의 상위로 올라갈 수록 높은 농도로 축적되는 현상

물질의 하나다. 산업생산 공정, 폐기물 소각, 유류, 농약, 의약품, 그리고 일상 생활용품으로부터 배출되는 각종 화학물질이 대거 포함된다. 이들 오염물질은 반감기가 길어 환경에 노출되면 수십 년 이상 잔류하고, 각종 독성을 일으키며, 아주 먼 거리까지 이동하는 특성을 보인다. 그래서 한번 바다로 유입되면 그 피해는 거의 반영구적이라 해도 과언이 아니다. 20여 년 전 12개 대표물질에 대한 국제 규제를 시작한 '스톡홀름 컨벤션'은 그간 규제물질을 추가해서 현재 30여 개 물질군에 대한 생산과 사용을 금하고 있다.

일찍이 레이첼 카슨은 1962년 출판한 '침묵의 봄'을 통해 인간의 화학물질 남용이 자연을 파괴하고 인간의 건강까지 해칠 것이라 경고한 바 있다. 그러나 아이러니하게도 60년이 지난 지금 우리는 여전히 각종 잔류성유기오염물질로 파괴되어 가는 바다와 신음하는 해양생물을 마주하고 있다. 우리가 원시시대로 되돌아가지 않는 한 이들 오염물질은 끊이지 않을 것이고, 모든 오염물질에 대한 규제는 불가능하기에 바다로 유입되는 잔류성유기오염물질에 의한 피해는 고스란히 우리 몫일 것이다.

특히, 잔류성유기오염물질은 미량에서도 독성을 나타내고, 만성 독성을 보이는 물질이 많아 그 피해가 가시화되고 인지하기까지 꽤 오랜 시간이 걸린다는 점에서 대처하기가 매우 어렵기도 하다. 잔류성유기오염물질 관리가 어려운 다른 이유는 유입경로에 있다. 육상 점오염원(하·폐수처리장 배출구 등) 및 비점오염원(도로먼지, 대기 등), 선박이나 해양 시설, 그리고 불법 배출 등 바다로의 유입경로가 매우 다양하고 복잡하므로 오염원에 대한 파악이 어려워 규제가 만만치 않다. 결국 오염물질에 의한 해양생태계 피해와 이로 인한 생태계서비스 저하는 피할 수 없음이다.

화학물질의 과도한 사용을 막고, 특별히 독성이 강한 오염물질에 대해서는 그 생산과 사용을 철저히 금지해야 한다. 화학물질의 불법 사용과 임의 배출 또한 강력히 규제해야 한다. 나아가 기존 오염물질에 대한 장기모니터링, 오염원 추적, 육상-해양 통합관리체계 고도화, 신규 오염물질에 대한 예측과 통제 등 다방면에서의 노력과 전략이 필요하다. 무엇보다 인적, 경제적 피해를 최소화하는 것이 중요할 것 같다.

해양오염퇴적물과 해양보호구역의 관리 현황

해양수산부는 해양오염 방지와 바다생태계 보호를 위한 일환으로 환경관리해역을 지정, 관리하고 있다. 일찍이 1995년 해양오염방지법이 개정되면서 해양환경보전종합대책 수립 및 특별관리해역 지정에 관한 조항이 신설되었다. 즉, 해역별 해양환경기준의 유지가 곤란하고, 해양환경보전에 현저한 장애가 있거나 장애를 미칠 우려가 있는 지역을 '특별관리해역'으로 지정해서 관리하는 것이다. 2001년 시화호·인천연안을 필두로, 2004년 마산만, 2005년 광양만, 2008년 울산연안, 2009년 부산연안까지 5개 지역이 특별관리해역으로 지정되었다. 이들 지역 모두 잔류성유기오염물질에 의한 해양오염이 가장 심각했던 지역에 해당한다. 특별관리해역은 연안오염총량 관리규제 덕에 과거에 비하면 전반적으로 수질과 퇴적물 건강성이 좋아졌다는 평가를 받지만, 폐쇄성 해역의 특성상 목표수질 관리가 쉽지 않다.

해양수산부는 2004년부터 오염퇴적물 분포현황을 조사하고, 전국 45개 조사해역 중 정화·복원이 필요한 해역을 35개소(1,500만m^2)로 추산한 바 있다. 지난 10여 년간 120만m^2에 달하는 지역에 대해 퇴적물 정화사업을 진행해 온 노력은 고무적이다. 하지만 본 사업은 유해화학물질과 부영양화 항목에 대한 화학 농도 중심의 평가란 점이 한계로 지적되어왔다. 즉, 생물 중심의 생태적 영향평가가 반영되지 못한 점은 아쉬운 대목이다. 연평균 250억 원 규모의 정화·복원 비용이 소요됨에도 오염원이나 오염원 인자가 규명되지 않은 점도 시급히 개선해야 할 부분이다.

한편, 우리나라 바다는 크게 8개 카테고리의 50여 개 지역(구역)이 해양환경·생태계 보전 및 보호란 명목으로 지정, 관리되고 있다. 특화된 목적에 따른 차별화된 특정 구역의 지정과 관리는 물론 필요할 것이다. 그러나 현 관리체제는 제도·행정적 측면에서 분명 한계가 있어 개선이 요구된다. 생태적, 통합적, 실효적 관리가 어렵기 때문이다. 최근 세계자연유산으로 등재된 한국 갯벌이 5개 지자체에 걸쳐 4개 지역만 포함된 것과 일맥상통한다. 유럽 와덴해 전체 갯벌에 대한 네덜란드, 독일, 덴마크 3국 공동관리와 같이 생태계 연속성이 고려된 통합적, 효율적 관리체계 도입을 고려해 볼 때다.

해양저서퇴적물 오염평가 연구의 발자취

잔류성유기오염물질로부터 바다와 해양생태계를 보호하기 위해서는 퇴적물 오염평가가 선행되어야 한다. 1990년 캐나다 학자 피터 채프만은 퇴적물 오염(건강성)에 대한 통합 평가방법으로 '삼중접근법'을 제안한 바 있다. 말 그대로 3가지를 동시에 고려한 접근법으로, 퇴적물 오염상태를 파악하기 위해 1) 화학물질 농도 측정, 2) 생물독성 테스트, 3) 저서군집 분석을 동시 수행하는 방법이다. 과거 화학물질 농도에만 의존한 퇴적물 오염평가 방법에 대한 한계를 극복하자는 취지를 갖고 있다. 최근까지도 가장 많이 사용되는 평가법이면서 관련 방법론이 꾸준히 발전되어왔다.

국내 퇴적물 오염평가는 나의 은사님인 고철환 서울대 명예교수가 1990년대 중반 이후 본격적으로 시작하였다. 1998년 대학원에 입학한 나는 연구실에서 한창 진행 중이던 국내 퇴적물 건강성 평가 연구에 즉각 투입되었다. 전국 바다를 돌며 우리는 1,000여 개가 넘는 연안역 저서퇴적물을 채취했다. 앞서 언급한 특별관리해역 5곳을 포함 전국의 오염된 곳은 거의 다 찾아갔던 것 같다. 우리는 채취한 퇴적물 내 중금속과 유기화합물의 농도를 분석하고, 벌크 퇴적물이나 퇴적물 추출액을 이용해서 생물독성 평가를 수행하였다. 해양저서생태학 연구실에서 처음 다루어 보는 주제였고, 분석기기도 제대로 갖추어지지 않앉었기 때문에 과제수행에 어려움이 컸다.

우리는 돌파구가 필요했고, 과제에 참여한 대학원생 모두 외국대학에 방문하여 단기간에 최신의 실험방법을 익히고 돌아왔다. 내가 방문했던 곳은 환경독성학 분야 세계 석학인 미시간주립대 동물학과 존 기지 교수님의 '수생독성학연구실'이었다. 그런데 수생독성학연구실은 놀랍게도 화학, 독성학, 그리고 생태학 연구를 모두 수행하고 있었고, 나는 여러 차례 방문을 통해 최신 기기분석과 세포독성 실험을 충분히 익히고 돌아올 수 있었다.

사실 낯선 미국 실험실에서 버틸 수 있었던 것은 친절하고 따뜻하게 맞아주고 실험을 가르쳐준 칸난 박사와 댄이란 친구 덕이 컸다. 그들은 내게 직접 실험을 가르쳐 주었고, 매일 읽을 논문을 직접 찾아주기도 했다. 얼마 지나지 않아 나는 그들이 진행하고 있는 퇴적물 오염평가 신규방법론 개발 프로젝트에 참여할 기회가 생겼다. 우리는 몇

해양·육상 기인 오염원 유입경로

달간 수많은 반복 실험과 시행착오 끝에 생물독성을 일으키는 유해물질을 퇴적물로부터 분리해내는 이른바 '독성동정평가법'이란 신규방법론을 개발하는 데 성공하였다.

독성동정평가법의 핵심은 퇴적물 내 잔류하는 화학물질의 세포독성 유무와 기여도 분석을 통해 퇴적물 내 특정 유기분액에 있는 오염물질을 정성·정량적으로 찾아내는 것이다. 나는 이 독성동정평가법을 적용, 국내 연안역에서 채취한 해양저서퇴적물의 오염평가 결과를 손에 쥘 수 있었다. 우리 실험실로 무사히 복귀한 나는 미국에서 개발한 신규방법에 우리 실험실의 주 연구 분야였던 대형저서동물 군집분석을 결합시켜, 피터 채프 박사가 제안했던 '삼중접근법'을 시도하였다. 삼중접근법은 기존 화학물질의 농도 측정에 기반한 오염평가나 독성동정평가법에 더해 생물영향이란 생태적 함의를 준다는 점에서 중요했고, 우리는 국내 최초로 이 방법으로 전국 연안의 퇴적물 오염평가 자료를 생산할 수 있었다.

2009년 고국으로 돌아온 나는 우리 연구실이 2000년대 국내 정착시킨 삼중접근법을 좀 더 발전시키는 데 주력하였다. 우선, 독성평가를 위한 대상생물(분류군)을 세포뿐만 아니라, 미생물(발광박테리아), 부유생물(식물플랑크톤), 저서생물(단각류, 이매패류, 불가사리 등), 그리고 유영생물(어류)까지 폭넓게 확장하였다. 또한 저서군집 분석에 있어, 기존 대형 저서동물의 군집분석뿐만 아니라 미생물, 저서미세조류, 중형저서동물 등 더 많은 저서생물 분류군에 대한 군집분석을 추가하여 생태계 변동에 대한 불확실성을 줄이려고 노력하였다. 이른바 '다중증거법' 개념을 차용, 기존 삼중접근법이 가진 종 특이적 반응에 대한 불확실성을 줄이고 생태계 종합평가에 대한 신뢰성을 높였다는 점에 의미를 두고 싶다.

2010년대 중반 이후부터는, 미지물질에 대한 잠재독성과 저서생태 군집(+기능) 영향을 찾아내는 연구에 집중해 왔다. 수많은 오염물질이 축적된 해양저서퇴적물 내에는 아직도 우리가 분석할 수 없는 미지 물질이 수없이 많다. 그래서 우리는 퇴적물 시료의 다중독성평가와 고급 기기분석을 반복 수행하여 그 결과를 비교 검토하면서 독성을 일으키는 미지의 화학물질을 찾아내고자 시도하였다. 이른바 '생물영향동정 평가법'이다. 우리 연구실은 최근까지 이 방법으로 30여 종의 신규 독성원인물질을 찾아서 세계 학회에 보고하였고, 이 중에는 요즘 심각한 문제로 대두된 미세플라스틱도 일부 포함되어 있다.

독성 오염물질, 이제는 사전 예측해야!

인류와 바다를 위협하는 신규물질은 지금, 이 순간에도 끊임없이 생산되고 유통되고 있다. 이제, 환경사고가 발생한 후 원인물질을 찾고 관리방안을 만드는 것은 후진적 발상이다. 신생물질의 잠재독성을 사전에 평가하고 예측해서 환경에 노출되기 전에 알 수 있다면 선제적 관리가 가능하다. 기존의 '선 노출 후 독성확인' 방법은 환경 리스크가 크고 그만큼 환경 회복에 대한 사회·경제적 비용도 커진다. 오염물질

독성에 대해 빠르고 정확한 사전 예측이 더욱 절실해졌다.

물질(분자)의 특성에 기반하여 독성을 예측하는 기술은 그동안 약학 및 독성학 분야에서 꾸준히 개발되어 왔다. 하지만, 수많은 오염물질의 구조적 유사성으로 인해 정밀하고 정확한 예측에는 한계가 있었다. 우리는 2017년 물질의 구조적 유사성을 구분하면서 독성 유무와 수준을 판별할 수 있는 '생·물리 연계 독성 예측모델'에 본격 착수하였다. 비록 다환방향족탄화수소(유류성분)를 비롯한 몇 가지 특정물질(군)을 대상으로 했지만, 물질의 독성반응 기작 특성을 반영한 물리·화학적 방향성 반응인자(DRF)를 검증하고, 물질과 세포 내 수용체 사이의 역학 관계를 함수화해서, 대상물질의 미시거동 프로세스를 예측하는데 성공하였다.

학제간 연구의 중요성, 위기를 기회로…

우리 연구실이 10여 년 넘게 진행해 온 독성 예측모델 개발 연구의 시작은 2009년으로 거슬러 올라간다. 박사학위를 마친 이듬해 나는 캐나다 사스캐처원대 독성센터 연구원으로 첫 직장을 시작하였다. 대학원 때 인연을 맺었던 기지 교수님이 2008년 사스캐처원대 독성센터의 석좌교수로 자리를 옮기면서 나를 독성센터 매니저로 스카웃한 것이다. 새로운 랩 세팅에 나날이 분주하던 어느 날 사무실 전화벨이 울렸고, 나는 물리학과에 재직 중인 한국인 과학자 장갑수 교수님을 만나게 되었다.

고체물리학자인 장 교수님은 첫 만남에 내게 뜬금없는 그러나 진지한 질문을 던졌다. "독성센터? 독성이 뭐예요? 왜 나타나지? 이유가 뭔가요? 왜 물질마다 독성이 다르지요?"라는 끊이지 않는 촌철살인과 같은 연쇄 질문에 나는 결국 손을 들고 말았다. 정답도 해답도 몰랐던 나는 함께 찾아보자고 제안하였고, 장 교수님은 흔쾌히 "Sure"라고 답했다. 서로 반신반의하면서도 우리는 기회를 만들고 의기투합하게 되었다.

꽤 오랫동안 이 연구에 매달려 왔다. 나도 이 근본적인 질문의 답이 정말 궁금했기 때문이다. 10년이 지난 지금 실마리는 어느 정도 풀었고, 이제 자신감도 붙었다. 서로 전혀 다른 분야를 공부해 온 두 사람이었기에 연구에 사용되는 용어도 사고방식도 모두 달랐다. 그러나 하나둘 배우고 알아가는 재미와 그간 쌓여온 우정과 믿음 덕에 여기까지 온 것 같다. 방학마다 그리고 연구년 때면 되도록 함께 만나 이 공동연구에 시간을 써 왔다. 머리를 맞대고 고민하다가도 의견이 맞지 않으면 서로 투덜거리기도 한다. 그래서 더 재미있고 설렌다. 벌써 다음 방문이 기다려진다.

― Chapter 2. 해양생태계의 위기 ―

K-철새의
처절한 비상

　재작년 한국 갯벌의 세계자연유산 등재는 해양人뿐만 아니라 국민 모두에게 큰 기쁨을 준 국가적 경사였다. 지난 반세기 간척, 해양오염, 기후변화 등으로 몸살을 앓아왔던 K-갯벌이지만, 그 특유의 자생력과 끈기로 세계자연유산 반열에 올랐다. 당시 유네스코는 K-갯벌의 아름다운 경관과 생태적 가치를 선정 이유로 밝혔다.
　갯벌의 생태적 가치는 우수한 해양생물다양성에 근간한다. 특히, K-갯벌은 동아시아-대양주 철새 기착지로서 그 역할이 국제적으로도 중요하다. 해마다 늦가을이 되면 겨울 철새에 대한 보도가 잇따르면서 새에 대한 국민적 관심도 그만큼 커지는 것 같다. 철새를 전문적으로 공부하지는 않았지만, 갯벌에 가보면 늘 가까이 마주했던 철새에 대한 동경은 언제나 있었던 것 같다. 그러다 우연한 계기로 최근 철새에 관한 관심이 부쩍 커졌다. 2021년 이후부터 '해양환경영향평가 연구단'을 맡은 이후 해상풍력 단지 건설과 운영 과정에서 소음, 진동, 터빈 등이 철새의 이동과 분포에 미치는 영향을 조사하면서부터다.

멸종위기에 처한 K-철새의 비상

철새를 포함한 조류는 생태계 상위 포식자로서, 해당 생태계의 건강성을 대표하는 매우 중요한 지표종이다. 우리나라에 기록된 500여 종의 조류 중 80% 이상이 철새일 정도로 철새는 조류의 생물다양성에서 절대적 위치에 있다. 그런데 최근 연구에 따르면 지구상 현존하는 조류종의 절반 가까이가 개체군 감소로 멸종위기에 처해있다고 한다. 우리나라를 찾아오는 철새도 예외는 아닐 것이다.

철새에 대한 전국 조사는 1990년대 말 시작되었다고 한다. 환경부 국립환경과학원에서 1999년부터 월동기간에 일정한 날을 정해 전국 주요 서식지에서 겨울 철새의 종류와 규모, 그리고 환경을 조사하였고, 2008년부터는 국립생물자원관에서 체계적인 조사를 이어오고 있다. 2008년 140여 곳 조사를 시작으로 현재는 해안, 호수, 저수지, 강, 평야 등 전국 200여 곳에서 해마다 일정 기간에 조사하고 있다. 아시아 물새 센서스에서 권장하고 있는 1월 조사를 포함 겨울철 몇 달간 조사를 수행하고, 그 결과를 보고서로 발간한다. 2019년에는 '국가철새연구센터'가 개소되어 철새 이동 연구 및 모니터링에 관한 업무를 총괄하고 있어 국내 철새 연구자에게 큰 도움을 주고 있다.

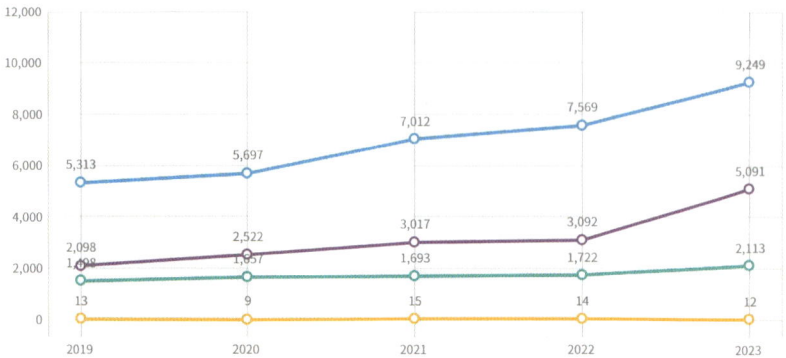

최근 5년간 연간 철새 개체수 변화 그래프

    국립생물자원관에서 제공하는 겨울철 조류 동시 센서스 통계를 잠깐 살펴봤다. 통계는 최근 5년간 전국 200곳에서 관찰된 500여 종에 대한 조류의 개체수와 종수를 제공하고 있다. 최근 5년간 꾸준히 관찰되는 종은 대략 260여 종으로 확인되었다. 지난 5년 평균 약 150만 개체의 철새가 우리나라를 찾았는데, 최근 5년 중에는 2023년에 가장 적은 수의 철새가 관찰되었다. 주로 오리, 기러기, 까마귀, 갈매기 등 우리에게 익숙한 철새들이 상위에 분포되어 있었다.

    반면, 멸종위기 조류인 두루미를 포함 천연기념물로 지정된 두루미과(두루미, 재두루미, 흑두루미) 조류가 해를 거듭하면서 증가세를 보인 점이 눈에 띄었다. 현재 멸종위기 조류는 총 61종으로 14종이 1급으로 지정되어 있다. 멸종위기 1급에 속하는 종 중에서 가장 눈에 띄게 개체수가 증가한 조류는 반갑게도 천연기념물 202호로 지정된 두루미로 지난 5년간 꾸준히 증가, 2023년에는 2,113개체가 발견되었다. 두루미과에 속하는 재두루미(천연기념물 203호), 흑두루미(천연기념물 228호) 역시 꾸준히 증가해 2023년에는 각각 9,249, 5,091개체가 발견되었다. 한편 검은목두루미(천연기념물 451호)는 지난 5년간 전국에서 십여 개체 수준으로 발견되고 있어 향후 귀추가 주목된다(국립생물자원관 통계, 그래프 참조).

철원에서 만난 사랑스러운 두루미 가족

나는 운 좋게도 2022년 겨울 두루미의 낙원이라 불리는 철원을 방문하였다. '환경운동연합의' 김춘이 사무총장님이 초청해 주셔서 20여 명의 일행과 함께 철원 DMZ 내 두루미 서식지를 방문하게 된 것이다. 익숙한 연안습지(갯벌)의 바닷새가 아니라 다소 생소했지만, 논에서 우아하게 노닐며 멋지게 비상하는 두루미 떼의 거침없는 날갯짓에 금세 친숙해졌다. 사진(영상)으로만 봐왔던 단정한 학, 두루미, 그 화려한 군무에 정신을 놓고 한참을 바라봤고, 짝을 짓고 평생을 배우자와 가족만을 위해 함께 살아가는 두루미의 생태 이야기를 듣고 크게 감명받았다.

당일 안내를 해준 '철원 두루미 협의체' 최종수 사무국장의 설명에 따르면, 지난 20년간 철원에서 확인된 두루미과 조류는 두루미, 재두루미, 흑두루미, 검은목두루미, 시베리아흰두루미, 쇠재두루미, 캐나다두루미 등 7종이라고 한다. 지난 20년간 찾아오는 두루미는 꾸준히 증가해 왔고, 점차 그 분포면적도 넓어졌다고 한다. 전 세계적으로 약 3,000개체에 불과한 두루미의 약 60%가 철원을 찾아오는 이유가 궁금해졌다. 그 이유는 의외로 간단했다. 사람의 출입이 제한된 DMZ 내 논 습지가 오염되지 않은 자연 그대로인 철새 서식지의 역할을 한다는 점이었다. 건강하고 안정된 서식지가 철새에게 안락한 월동지가 된다는 당연한 이유다.

여기에 철원 농민들의 두루미 서식지 보호를 위한 노력이 가미되면서 철원을 찾아오는 두루미가 안정적으로 증가세를 보인다는 것이다. 최 사무국장은 여러 농민이 논의 일부에 두루미가 서식할 수 있게 물을 대고, 벼를 베고 남은 볏짚의 벼 낟알을 두루미 먹이로 제공하는 등 추가적 노력이 있었음을 강조하였다. 특별히, '철원 두루미 협의체'에서 준비한 우렁이 먹이를 우리 일행은 모두 기쁜 마음으로 논에 뿌리면서 두루미가 고단백질 먹이를 먹고 더욱 건강해지기를 바라는 값진 시간도 가졌다. 최근 지자체와 정부 지원이 함께하면서 철원이 명실공히 두루미 서식지 메카가 됐고, 많은 이가 찾는 관광 명소로 거듭나고 있어 더욱 많은 두루미가 이곳을 찾을 것으로 기대된다.

한편, 철원과 연천에 이어 최근에는 강화 갯벌까지 두루미 서식 범위가 확장되고 있다는 반가운 소식도 있다. 2012년 강화 갯벌을 찾은 두루미는 29개체에 불과했지만, 2023년 최근 조사에 따르면 63개체의 두루미가 강화 갯벌을 찾았다고 한다. 향후, 두루미가 내륙부터 연안에 이르기까지 폭넓게 분포하면서, 전국 어디서나 두루미의 화려한 비상과 멋진 군무를 감상할 수 있게 되기를 기대해본다.

두루미의 비밀과 애틋한 러브스토리

이번, 두루미 탐조 여행을 통해 두루미의 생태에 관한 재미있는 몇 가지 사실을 알게 되었다. 두루미의 긴 목, 긴 부리, 긴 다리, 긴 발가락이 모두 이유가 있다는 것이다. 두루미가 주로 습지에 서식하기 때문에 식물의 뿌리나 저서생물을 먹이로 취하기 위해 가늘고 긴 부리를 갖게 됐고, 습지에 발달한 식물 사이로 천적을 경계하기 위해 긴 목을 가지게 되었다는 것이다. 또 습지나 얕은 물을 건너기 위해서는 긴 다리가 필요했고, 습지에 빠지지 않기 위해 가늘고 긴 발가락을 갖게 됐으니, 두루미의 형태 그 자체가 고상하고 아름다워 보이는 게 아닐까 하는 생각을 하였다.

두루미에게 정이 더욱더 가게 된 점은 두루미가 가족생활을 하고 평생을 배우자만을 위해 살아간다는 점이다. 재두루미인 '철원이'와 '사랑이' 이야기는 매우 감명 깊은 한 편의 애틋한 러브스토리였다. 2005년 날개를 다쳐 날 수 없게 된 사랑이가 두루미 쉼터에서 보호받으며 지냈는데, 2018년 철원이가 동상을 입어 두루미 쉼터에서 지내다가 짝을 이루게 되었다고 한다. 날 수 있는 철원이는 2020년 봄에 사랑이를 기다리다 중국으로 날아갔지만, 다시 이듬해 겨울 사랑이를 찾아왔고, 그 이후로는 떠나지 않고 함께 지낸다는 믿기 어려운 러브스토

2022년 11월에 진행한 첫 번째 두루미 탐조

리다. 그 뒤로 철원이와 사랑이의 새 가족의 탄생은 해마다 관심거리가 되었다고 하는데, 좋은 소식이 있기를 바란다.

다시 찾은 철원과 연천, 그리고 두루미 생각

해가 바뀌어 2023년 다시 철원을 찾았다. 이번에는 인근의 연천도 포함하는 방문이었다. 아무래도 두루미 사랑이 시작된 것 같다. 지난해 첫 두루미 탐조 이후 머릿속에 온통 두루미가 가득 차 있었다. 이번 탐조 일행은 가까운 지인들과 함께여서 더욱 즐거웠다. 북한이 바로 내려다보이는 태풍전망대도 들러 임진강 두루미 서식지도 멀리서 볼 수 있었다. 이곳은 연천 임진강 유네스코 생물권보호지역-임진강 권역으로 시민들이 스스로 조성한 두루미 서식지로 유명해졌다. 두루미가 '율무 낙곡'을 먹으며 월동한다고 해서 이곳 두루미는 율무 두루미란 별칭도 있다. 연천에 날아오는 두루미 숫자는 철원보다 적었지만 충분한 먹이와 안전한 두루미 서식지 확보를 위해 애쓰는 지역 농민의 열정은 철원 못지않음을 느낄 수 있었다.

연천을 둘러본 후에 철원으로 발걸음을 재촉하였다. 다시 찾은 철원 DMZ 내에는 옹기종기 평온한 두루미 가족들이 여기저기 눈에 들어왔다. 첫 탐조 때보다는 두루미가 눈에 더 잘 들어왔다. 하지만 저번처럼 대규모 무리를 관찰하기는 어려웠다.

다시 찾은 철원 오대벼 채종단지의 서경원 회장님은 우리 일행을 반갑게 맞아주고 따뜻한 밥상까지 내어 주셨다. 직접 만든 두부와 바비큐는 오대 막걸리와 찰떡궁합이었다. 철원 DMZ 내 두루미 서식지가 지금처럼 안정화되는데 서 회장을 비롯한 지역 농민의 기여는 상상 이상이었다. 오대벼 채종단지 7만여 평에 물을 대고 두루미에게 우렁이나 볏짚 먹이를 꾸준히 주면서 돌봐준 덕분에 철원 두루미가 다시 살아나게 됐기 때문이다. 지역 농민의 자발적 참여로 자연과 생명이 되

2023년 2월에 진행한 두 번째 두루미 탐조

살아남에 다시 한번 머리가 절로 숙여졌다.

    이번 탐조 여행을 다녀오면서 두루미 생태에 더욱 관심이 커졌다. 최근 강화 갯벌까지 확장한 두루미의 분포와 개체군 이동 특성에 대해 문득 궁금해졌다. 내륙과 연안습지는 분명 서로 다른 환경 특성을 가질 터인데, 먹이활동, 성장, 분포(이동) 특성에 어떤 차이가 있을지 한번 연구해보고 싶다. 연안습지(갯벌)를 찾는 다양한 바닷새 역시 연안과 내륙을 오고 가며 다양한 먹이원을 섭취하고 체내의 염분을 조절한다고 한다. 갯벌에서 철새는 최상위 포식자로서 생태계를 안정화하는데도 기여하는 만큼, 향후 바닷새 연구는 갯벌 생태를 더욱 잘 이해하는 데 꼭 필요할 것 같다.

엊그제 뉴스를 보니 겨울 철새가 북상을 시작했다고 한다. 한동안 두루미가 또 생각나겠지만, 다음 겨울까지 참아야겠다. 그리고 두루미 덕분에 만난 명지대 이명주 교수님과의 인연도 감사하고 기대된다. 최근 우리 학부 객원교수로 오셔서 블루카본, 해양-아쿠아포닉스 등 여러 가지 중요한 과제를 함께 연구하고 계획하고 있는데, 앞으로 '융합건축해양'과 같은 새로운 분야에로의 도전과 비전이 기대된다. 2024-25년 겨울에는 더 많은 두루미가 우리나라를 찾아오기를 기대하고 더 많은 다른 분야의 동료, 선배들과 철원을 다시 찾고 싶다.

― Chapter 2. 해양생태계의 위기 ―

④
아열대 생물의 남해 상륙

    2021년 발표된 IPCC(기후변화에 관한 정부간 협의체) 6차 평가보고서는 전 지구적으로 '기후온난화'가 10년 이상 빨라졌다고 경고한 바 있다. 한반도의 기후변화 가속화는 좀 더 심각하다. 지난 30년 우리나라 기온은 1.22도 상승하여 세계 평균 0.84도 대비 1.5배 이상 높게 나타났다. 한편 지난 반세기 우리나라 연근해 표층 수온도 1.12도 올라 세계 평균 상승(0.52도) 폭과 비교하면 2배 이상 큰 것으로 확인되었다. 해마다 반복되는 기록적 폭우와 극한의 가뭄은 일상이 되어 버렸다.

    한편 기후변화의 또 다른 얼굴도 있다. 한반도 기후온난화는 식물의 재배한계선을 북상시키고 있다는 점이다. 국립농업과학원에 따르면 기온 '1도' 상승 시 식물 재배한계선은 약 '81km' 북상한다고 한다. 과거 수입에 의존하거나 남부지방에서만 생산되던 다양한 아열대성 과

일이 전국적으로 재배되고 있다. 최근 연이은 아열대성 과일의 성공적 재배와 국내 생산량 증가는 수익성 하락에 허덕이는 농가의 새로운 희망이 되었다.

한반도 해역에 아열대성 해양생물 유입 증가

육상에서 식물의 재배한계선이 북상하듯, 해양에서도 같은 현상이 가속화되고 있다. 해양생물은 육상생물보다 유입속도가 빠르다고 알려져 있는데, 지난 10년간 제주도 남쪽 바다에서는 50여 종 이상의 열대성 어종이 새롭게 발견되었다. 2016년 제주 남동부 바다에는 열대성 가죽산호류(Leather coral)가 안착했고, 2020년에는 열대 해양포유류인 흑범고래 200여 마리가 남해 거문도 일대에 처음 나타났다. 우리 연구진은 열대성 산호를 서식지로 선호하는 십각류(게)의 제주 해역 첫 출현을 최근 보고하기도 했다. 지구온난화에 따라 아열대성 해양생물의 한반도 유입은 이제 정설이 되었다.

최근, 우리 연구진은 아열대에만 서식하는 맹그로브(염습지에서 자라는 나무)의 한반도 유입 가능성에도 주목하고 있다. 현재 동아시아 일대에 서식하는 맹그로브 나무는 대략 26종으로 알려져 있는데, 중국에 26종, 그리고 일본에 6종이 서식하는 반면, 우리나라에서는 공식적으로 맹그로브 서식종이 확인된 바 없다. 그러나 칸델리아(Kandelia sp.)라는 종은 추위에 가장 강해서 영하에서도 생존 가능한 것으로 알려져, 한반도 최초 상륙의 주인공이 될 수도 있다. 현재 이

맹그로브 종 칸델리아 캔들(Kandelia candel)의 분포지역

종의 북방한계선은 일본 규슈섬 사가현 남부로 위도상 제주도 남부에 해당한다. 우리는 맹그로브 분포에 영향을 미치는 요인으로 연평균 및 최한월의 수온과 기온을 분석한 결과 해당 종의 맹그로브의 국내 유입 가능성이 있다는 점을 2024년 국제학술지에 보고한 바 있다.

아열대성 생물의 한반도 유입이 점차 증가하는 지금, 맹그로브 역시 언젠가는 유입, 정착될 수 있다는 점에서 관련 연구는 더욱 시급해졌다. 예를 들면, 맹그로브의 분포와 서식지 특성, 조위, 저온이나 염분에 대한 내성, 발아온도 등 다양한 생태적 특성에 대한 분석을 바탕으로 맹그로브의 유입 시기와 종류, 그리고 분포 및 확산 범위에 대한 예측 등 구체성 있는 결과가 나와야 한다. 아울러 2016년 갯끈풀 유입이 확인되고 해수부에서 '유해해양생물'로 지정될 때 과학적 근거가 빈약했음을 상기할 필요가 있다. 외래종이라 하더라도 해양생태계에 미치는 긍정적, 부정적 영향이 함께 고려하는 것이 중요하다는 뜻이다.

해양 외래식물 관리 기술 개발 시급

우리나라 입장에서 아열대 지방에 서식하는 맹그로브는 분명 외래종이다. 그런데 맹그로브가 탄소를 흡수해주는 '블루카본'이란 점에서 유해해양생물로 선뜻 지정할 수 있을지 의문이다. 잘 알다시피, 2013년 IPCC 특별보고서는 바다의 탄소감축원, 즉 '블루카본'으로 '맹그로브', '염습지', 그리고 '잘피림' 세 서식지만을 인정하였다. 특히, 맹그로브는 뿌리가 깊고 왕성하게 자라서 산림과 같은 울창한 숲을 이룬다.

탄소 침적(퇴적층 저장) 관점에서 맹그로브는 면적 1ha당 연간 1.62t의 이산화탄소를 흡수하고, 이어서 염습지 0.91t, 잘피림 0.43t 순이다. 맹그로브는 단연 가성비가 가장 높은 블루카본의 대표주자다.

기후변화 기인
아열대성 해양식물 관리기술 개발

현황 및 문제점

기후변화 → 해양생태계 변화

아열대성 해양생물 유입

탄소흡수원 추가 발굴 필요

기대효과

① 아열대성 해양식물 유입에 의한 생태계영향 예측 및 환경영향평가
· 현황 모니터링 및 예측-영향-관리 설정

② 아열대성 해양식물 자원 활용기술 개발
· 탄소흡수력 평가 및 육성기술 개발

세부 핵심 연구내용

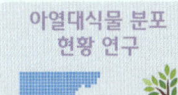
아열대식물 분포 현황 연구

주요 아열대종 모니터링 및 생태계영향평가

아열대식물 유입 예측·평가모델 구축

아열대식물 관리기술기반 구축 및 설계

아열대식물 종별 탄소흡수력 평가

주요 아열대식물 육성기술 개발

전 세계적으로 탄소중립이 화두인 지금, 해양 탄소흡수원의 추가 발굴이 시급한 우리나라가 맹그로브 유입을 외래종의 재앙으로만 치부할 수 없는 이유다.

그러나 현시점에서 맹그로브 유입에 따른 생태계 및 가치평가 기술은 부재하다. 국내의 기존 외래종 관리정책은 침입외래종의 방제와 박멸에만 초점을 맞추고 있기 때문이다. 기후변화에 따라 국내 유입과 정착이 예상되는 이로운 아열대 종에 대한 관리와 국내 토착 생물과의 상생 유도 등을 위해서는 새로운 기술 개발에 따른 관리계획이 필요하다.

지난 몇 년간 우리 연구진은 맹그로브 유입과 확산에 대응할 수 있는 선제적 연구가 필요함을 강조해 왔다. 주요 연구개발 기술 분야를 크게 6개로 요약해 보면, ①아열대 식물 분포 모니터링 ②주요 아열대 식물 생태계 영향 ③아열대 식물의 유입, 경로, 및 확산 예측 ④아열대 식물의 관리 ⑤아열대 식물의 종별 탄소흡수력 평가 ⑥주요 아열대 식물종 육성 등이다. 기후변화에 따른 한반도 유입 가능성이 큰 해양 외래식물에 대해 목적형 기술 개발 연구가 더 늦기 전에 시작됐으면 한다.

한·인니 '블루카본' 국제협력 노력과 성과

2023년 1월 9일부터 11일까지 인도네시아(이하 '인니') 발리에서 '제 2회 한·인니 블루카본 전문가 워크숍'이 개최되었다. 워크숍은 대한

민국 해양수산부와 인니 해양투자조정부가 공동으로 주최하고, 서울대 블루카본사업단을 포함하여 양국 블루카본 및 기후변화 관련 정부, 학계 등 관계기관 전문가가 대거 참석하여 성황리에 종료되었다.

한국과 인니의 블루카본 국제협력은 2021년부터 본격적으로 시작되었다. 2021년 5월 한국에서 열렸던 P4G 해양특별세션과 10월 해양수산부 장관의 인니 방문을 통해 양국은 기후변화대응 협력을 약속했고, 한국과 인니는 2021년 글래스고에서 열린 '제26차 유엔기후변화협약 당사국 총회(UNFCCC COP26)'에서 블루카본을 주제로 공동 부대행사를 개최하기도 했다. 이번 제2회 전문가 워크숍은 2022년 시작된 한·인니 블루카본 국제협력을 위한 두 번째 전문가 워크숍으로 양국의 블루카본 자원개발에 대한 실질적 교류방안이 논의되었다.

더불어 양국의 공적개발원조(ODA) 사업 개발에 대해서도 구체적인 실행계획이 도출되었다. 인니는 자국의 높은 블루카본 잠재량을 활용하여, 전 세계 여러 국가와 ODA 협력사업을 지속해서 발굴해왔다. 이번 행사에서 양국은 블루카본 ODA 사업계획을 구체화하여 2024년부터 블루카본 생태계 강화를 목표로 하는 장기 ODA 사업을 계획한 것이다. 주요 세부 사업으로 국가 맹그로브 블루카본 지도 구축, 갯벌을 포함한 맹그로브 서식지의 탄소저장량 조사, 블루카본 연구인력 양성 및 역량 강화, IPCC 갯벌 블루카본 온실가스 인벤토리 등록 협력 등의 구체적인 청사진과 로드맵이 논의되었다.

나는 ODA 사업 논의 때 인니 과학자가 가진 갯벌에 대한 오해와 편견이 있음을 느낄 수 있었다. 인니의 경우 바다 바로 앞에 울창하게 숲을 이룬 맹그로브 덕분에 멀리 나가야만 볼 수 있는 갯벌에 대해서는 크게 인지하지 못했던 것 같다. 또한, 맹그로브 서식지 사이 사이에 발달한 갯벌도 맹그로브의 일부라는 인식이 팽배했다.

나는 토론회에서 인니는 전 세계적으로 가장 넓은 갯벌(약 1만 4,000km^2)을 보유한 국가임을 강조하면서, 맹그로브뿐만 아니라 갯벌 블루카본 연구도 함께 진행해야 함을 역설하였다. 우리 블루카본사업단은 인니 갯벌 블루카본에 대한 공동 조사를 제안하였고, 인니 과학자들의 공감대를 끌어냈다. 향후 인니와의 갯벌 블루카본 협력연구가 ODA 사업으로 이어져서 더욱 발전하여 양국의 국가 블루카본 정책 실행에 있어 중심축이 되기를 기대한다.

이번 행사를 성공적으로 마치는데 한·인니 해양과학공동연구센터가 큰 역할을 하였다. 해당 센터는 한국 해양수산부와 인니 해양투자조정부 간의 이행협정을 통해 2018년 9월에 개소했다고 한다. 한국 해양과학기술원과 인니 반둥공대가 공동 운영하는 국가 간 공동연구센터다. 한국 측 박한산 센터장은 인니 측 정부, 연구소, 대학의 30여 명 전문가를 대거 초청해서 우리 블루카본사업단과 심도 있는 토의가 이루어질 수 있도록 지원을 아끼지 않았다. 해당 센터는 인니 해양생태계의 현장 조사뿐만 아니라, 자카르타 사무실을 기점으로 인니 부처, 연구기관, 대학 주요 인사로 TF팀을 운용하면서 다양한 사업을 추진해왔다고 한다. 이번 제2회 한·인니 블루카본 전문가 워크숍은 지금까

지난 1월 발리에서 열린 '제2회 한-인니 블루카본 전문가 워크숍'

지와는 사뭇 다른 양국 교류의 진정성을 확인하면서 구체성이 담보된 결과를 도출하였다는 점에서 의미가 컸다.

인니 발리섬 남단 맹그로브 복원지 방문

인니에 서식하는 맹그로브의 총면적은 대략 3만km²로 알려져 있다. 이는 전 세계 맹그로브 서식지 총면적인 13만 6,000km²중 약 20%를 웃도는 것으로 단일 국가 중 가장 큰 규모를 자랑한다. 최근 블루카본이 국제적으로 이슈화되면서 인니는 맹그로브의 관리와 복원에 초비상이 걸렸다. 지난 수십 년간 맹그로브 숲을 밀어내고 안주인이 된 새우양식장이 골칫거리가 된 것이다. 우리나라 갯벌이 간척의 희생양이 된 것과 다름없다.

우리는 운 좋게도 인니에서 맹그로브가 복원된 유일한 지역이 마침 행사장 근처에 있어 방문할 기회를 얻었다. 맹그로브 복원지는 타만후탄라야응우라라이(Taman Hutan Raya Ngurah Rai) 산림공원인데, 1992년부터 현재까지 약 10km² 이상의 맹그로브 서식지를 복원했다고 한다. 이 공원은 2010년부터 방문객들에게 개방되어, 맹그로브의 역할과 복원 과정을 일반인에게도 알려주면서 맹그로브 복원에 대한 국민 인식 증진에도 크게 기여하고 있음을 전해 들었다.

특히 이곳은 2022년 G20 정상회의가 개최되면서 더 유명해졌다. 주최국인 인니 대통령이 각국 정상에게 맹그로브 복원계획을 설명하고 의견을 나누었고, 깜짝 행사로 맹그로브 모종 식수 행사도 진행하면서 큰 여운을 남겼다고 한다. 지난 G20 정상회의를 계기로 인니의 기후변화 대응을 위한 리더십이 큰 숙제로 남았다.

한·인니 국제교류의 접점, 갯벌과 맹그로브

2009년 국제사회에 '블루카본' 개념이 등장한 이후, 인니는 그동안 자국의 수많은 맹그로브 자원을 활용하여 많은 국가와 다양한 ODA 사업을 진행해 왔다. 그리고 한국의 매우 중요한 파트너 국가 중 하나가 되었다. 해수부의 '탄소네거티브' 목표(-324만 톤)의 중요한 전략이 블루카본(-136만 톤)인 만큼 갯벌과 맹그로브의 최대 강국인 인니와의 협력은 매우 중요하다.

한·인니의 블루카본 국제협력은 미묘하게 이해관계가 딱 맞아떨어진다. 인니는 갯벌 최대보유국이지만 아직 해당 연구에 대한 지식, 기술, 관리정책이 미흡하고, 우리는 갯벌 블루카본 연구의 선봉에 서 있다. 한편 우리나라는 현재 맹그로브 숲은 없지만, 머지않은 미래 한반도에 상륙할 수 있는 맹그로브에 대한 선제적 이해와 활용에 대해 고민할 때다. 물론, 인니를 비롯한 국외에서 맹그로브 조림 청정개발체제(CDM) 사업 등을 통한 탄소배출권 확보도 한 대안이 될 수 있다. 여러 측면에서 한·인니의 블루카본 협력은 장기적으로 발전해 나갈 것이라 확신한다.

2019년 유럽연합을 필두로 세계 각국이 2050년 '탄소중립'을 선언하고, 주요 선진국이 2050 탄소중립의 중기목표로 2030 감축목표를 상향해 왔다. 최근에 더 많은 국가가 블루카본에 높은 관심을 표시하며 후발주자로 나서고 있음을 나는 2023년 이집트에서 열린 COP28에서 확인할 수 있었다. 국내에서도 블루카본에 대한 국민인식과 애정이 점차 높아지는 요즘, 우리 '블루카본사업단'의 역할과 성과가 그만큼 주목받고 있어 부담도 되지만, 해양과학이 국가적, 그리고 전 세계적 난제인 기후변화를 풀 수 있는 한 대안을 제시할 수 있음에 뿌듯하고 보람차다. 2023년 시작한 인니갯벌 공동 조사가 지속된다면 갯벌 블루카본 국제 인증에 도움이 될 거라 확신하고, 향후 보다 많은 국가와의 협력을 통해 국제 인증 시기를 앞당기고 싶다.

Chapter 2. 해양생태계의 위기

중국 갯끈풀의 서해 상륙

갯끈풀! 우리에게는 최근까지도 생소했던 바닷가 식물이다. 2012년 갯끈풀의 국내 유입이 언론에 보도되면서 세상에 알려졌고, 이후 국내 해양학계의 관심도 급상승했다. 위성영상 분석 결과 갯끈풀의 정확한 유입은 이보다 훨씬 앞선 2008년으로 확인되었고, 최초 유입지는 강화도 남단 갯벌로 밝혀졌다.

우리나라 정부는 중국의 갯끈풀 유입 사례와 기존 학계 보고를 근거로 2013년 '위해우려종'(환경부), 2016년 '유해해양생물'(해양수산부) 및 '생태계교란생물'(환경부)로 지정하였다. 최초 국내 유입 후 15년이 훌쩍 지났다. 그간 정부의 관리 노력, 학계의 연구 등이 상당 부분 진척됐고, 이제 외래종 '갯끈풀'에 대한 재해석의 필요성도 제기되고 있다. 갯끈풀에 대해 '해양생태학자'의 시각으로 되돌아보려 한다.

갯끈풀의 특성과 분포

갯끈풀은 '벼과'에 속하고, 전 세계적으로 17종이 존재한다고 한다. 기수지역에 서식하는 다년생 초본으로 뿌리 부분이 강하고 잔뿌리도 많다. 줄기는 직립 형태며 잎은 두껍고 넓은 긴 칼 모양을 가진다. 갈대와 유사해서 쉽게 구별하기 어려워 국내 유입된 외래종임에도 뒤늦게 확인된 것이다.

북·남미, 아프리카 및 유럽 대서양 연안이 원산지다. '영국갯끈풀' 등 몇 종이 다양한 생태공학적 용도로 타국에 도입되면서 전 세계적으로 분포가 확산되었다. 중국의 경우, 1960년대부터, 간척사업을 진행하면서 제방 안정화 목적으로 '영국갯끈풀'과 '미국산 갯끈풀'을 들여왔다. 그 결과 옌청지역을 시작으로 난통, 웨이팡, 진저우, 창저우 지역으로 급속하게 퍼져나갔고, 현재는 갯끈풀 서식 면적이 540km² (5만4,000ha)에 이를 정도로 황해 연안 전체로 확장되고 있다고 한다.

국내에 유입된 종은 크게 두 종류인 '영국갯끈풀'과 '중국갯끈풀(갯줄풀)'로 알려져 있다. 그러나 국내 유입경로에 대한 해석은 여전히 숙제로 남아있다. 다만, 해류를 타고 강화도, 진도 등으로 유입된 갯끈풀 씨앗이 발아 후 정착한 것으로 생각된다. 우리 연구진은 최근 '유럽중기예보센터(ECMWF)' 자료를 분석한 결과 지난 40년간(1980~2020) 중국과 한국 연안의 연평균 기온이 꾸준히 상승했다는 점을 확인하였다. 나아가 강화도, 진도가 2008년 전후로 다른 지역에 비해 높은 기온 상승 폭을 보였다는 점도 위 예측에 신빙성을 더해 주고 있다.

갯끈풀의 생태적 특성과 양면성

갯끈풀은 일차생산력, 번식력, 극한 환경 생존력 등이 모두 강하며 주로 지하경(땅속줄기)에 의해 서식 범위가 확산한다. 한편 개화 후 종자에 의한 번식 확산도 중요하다. 새로운 줄기와 싹은 지하경을 통해 4~10월 사이에 나타나고, 개화 후 가을(11월 이후)에는 줄기와 잎이 사멸하나 겨울을 나는 동안 형태는 유지된다. 개화 시기는 8~10월이며, 작고 하얀 꽃이 핀다.

하구역의 염습지나 갯벌 상부에 군락을 이루는데, 번식 초기에는 소형의 동심형 군체로 시작하여 점차 범위를 확산하는 특징을 보인다. 서식 위치는 주로 평균 만조선과 평균해수면 사이이고, 서식처의 퇴적상은 실트나 사니질을 선호하나 자갈이 혼재된 실트 퇴적환경에서도 생육할 수 있다.

갯끈풀(C4 식물)은 갈대·칠면초(C3 식물)에 비해 상대적으로 고온 환경에서 생존이 유리하다. 즉, 갯끈풀은 고온에서도

광합성량과 성장률이 크기 때문에 그만큼 확산 속도도 빠른 것이다. 황해 전 연안의 기온 상승은 상대적으로 토착 식물인 갈대나 칠면초보다 외래종인 갯끈풀이 생존하기에 더 적합한 환경이 되었다고 해도 과언이 아니다.

생태적 관점에서 갯끈풀의 특성은 양면성을 내포한다. 즉, CO_2 고정, 영양염 흡수, 해안침식 방지 등 생태계에 긍정적인 영향을 주는 반면, 사

갯끈풀 개체
(Spartina individual)

갯끈풀 군체
(Spartina colony)

갯끈풀 군락
(Spartina community)

갯끈풀의 형태 및 생태적 특성

막화에 따른 생물다양성 감소, 패류 양식 피해 등 사회·경제적 손실을 초래하는 등 부정적 요소도 있기 때문이다. 과거 외래종이란 부정적 인식이 강했던 시절에 비해 최근에는 해양생태계 서비스 측면에서 조절서비스(탄소흡수력), 지지서비스(일차생산력) 등 장점이 부각되고 있어 갯끈풀에 대한 재조명이 필요한 시점이다.

우리 연구진은 황해 염습지와 비식생 갯벌 코어퇴적물(~50 cm 깊이) 내 유기탄소를 분석한 결과, 갯끈풀 서식지가 갈대·칠면초 서식지보다 더 높은 유기탄소 함량을 보유하고 있음을 확인하였다. 이러한 이유로 중국 경우도, 최근 갯끈풀의 블루카본 잠재력에 관한 관심과 긍정적 시각이 급증하고 있다.

갯끈풀 관리를 위한 노력

갯끈풀 관리는 「해양생태계의 보전 및 관리에 관한 법률」 제24조(유해해양생물의 관리)에 법적 근거를 두고 있다. 2016년 갯끈풀이 '유해해양생물'로 지정될 당시 국내 갯끈풀의 99%가 강화도에 서식하고 있었다. 이에 해양환경공단은 2016년 강화 갯끈풀을 대상으로 시범 제거사업을 수행하였다.

이후 2017~2019년에 걸쳐 갯끈풀 제거사업을 지속하면서 그 확산 속도는 현저히 줄어들었다. 하지만 갯끈풀 제거사업을 진행하는 동안 갯끈풀 뿌리의 완전한 제거는 어려웠고, 재번식을 통한 빠른 확산에 대처하는 것도 한계가 있음이 확인되었다. 이후 갯끈풀 완전제거

굴삭기를 활용한 갯벌 뒤집기

보다는 '갯벌뒤집기' 방식을 통한 확산 방지에 초점을 맞춘 관리 방법이 채택되었다.

    해양수산부는 2018년 갯끈풀 중기 관리계획(2019~2023)을 수립하고 전국 단위 모니터링, 갯끈풀 조기발견 및 대응체계 구축, 갯끈풀 제거 및 확산 방지 사업 등을 지속적으로 수행해왔다. 그 결과 갯끈풀의 전국 확산은 과거보다 현격히 줄어들었다. 최근에는 제2차 갯끈풀 중기 관리계획(2024~2028)이 수립되었다. 향후 관리 체계에 대한 재정비와 새로운 전략이 요구되는 시점이다.

갯끈풀의 블루카본으로서의 가치

우리 연구진은 2017년 시작된 블루카본 연구의 일환으로 강화도 갯끈풀 서식 퇴적환경 내 유기탄소 함량과 기원에 대한 분석을 수행하였다. 갯끈풀의 '유해해양생물' 지정 이전에 사전 연구 필요성을 느꼈지만, 다행히 블루카본 연구를 수행하면서 늦게라도 해당 연구를 진행할 수 있었다.

인공위성 분석을 통해 강화도 동막 일대 갯끈풀 서식 면적은 10년간 약 60배 증가한 3.12ha로 확인되었다. 우리는 동막 갯벌에서 갈대, 칠면초, 그리고 갯끈풀이 서식하는 퇴적물 내 유기탄소 함량을 측정해 보았다. 갯끈풀이 최초 침입한 것으로 알려진 2008년 대비 2018년 퇴적물 내 유기탄소 저장량(증가율)은 갯끈풀이 비식생 갯벌과 비교하면 3.4배 높았고, 칠면초가 2.5배, 갈대가 2.4배로 나타났다. 즉, 외래종 갯끈풀이 토착종 갈대·칠면초에 비해 동일 기간 대기 중 CO_2를 더 많이 흡수하여 퇴적물에 저장한다는 사실이 확인된 것이다. 갯끈풀이 갈대나 칠면초보다 생장 기간이 길고, 지하부 생물량과 일차생산력이 크기 때문에 나타난 결과다.

우리는 나아가 퇴적물 내 유기탄소의 기원 변화가 갯끈풀 침입 기간과 연동되는지 살펴봤다. 강화도처럼 갈대, 칠면초, 갯끈풀이 모두 서식하고 있는 중국 옌청지역을 비교 지역으로 선정하여 메타자료를 분석한 결과, 두 지역 모두 토착종(갈대·칠면초)과 외래종(갯끈풀)의 유기탄소 기원이 다름을 확인하였다. 특히, 옌청의 경우, 갯끈풀 침입 시기에 따른 유기탄소 기원 변화가 뚜렷함도 알 수 있었다. 갯끈풀 침입 기간이 20년이 넘는 옌청 결과로 미루어, 강화도 역시 향후 10년간 갯끈풀로 인한 유기탄소 함량 증가와 기원 변화가 지속해서 나타날 수 있음을 시사하는 결과다.

갯끈풀에 대한 재고찰

갈대와 갯끈풀이 생태계에 미치는 영향을 종합적으로 비교해봤다. 관점은 크게 ① 온실가스 배출량, ② 대형저서동물 먹이기여도, ③ 퇴적물 안정도, ④ 탄소침적률 등이다.

① 온실가스 배출량: 중국, 미국 등의 경우 생물량, 미생물 군집, 메탄생성균 활성도 차이로 인해 갯끈풀이 갈대보다 더 많은 이산화탄소와 메탄을 배출한다고 보고된 바 있다. 그러나 강화도의 경우 비식생 갯벌과 비교했을 때, 갯끈풀은 갈대보다 상대적으로 더 적은 양의 이산화탄소와 메탄을 배출한 것으로 확인되었다.

② 대형저서동물 먹이기여도: 갈대 서식지는 비식생 갯벌과 유사하게 저서미세조류가 대형저서동물의 주 먹이원으로 확인되었다. 그러나 갯끈풀 서식지에서는 갈대, 비식생 갯벌과 달리 대형저서동물의 주 먹이원이 갯끈풀인 것으로 확인되었다. 이는 갯끈풀이 주변의 해양생물에게 새로운 먹이원으로서 중요한 역할을 하고 있음을 시사한다.

③ 퇴적물 안정도: 갯끈풀 서식지가 갈대보다 높은 식물 밀도와 생물량으로 인해 상대적으로 더 높은 퇴적물 안정도를 보였다. 이는

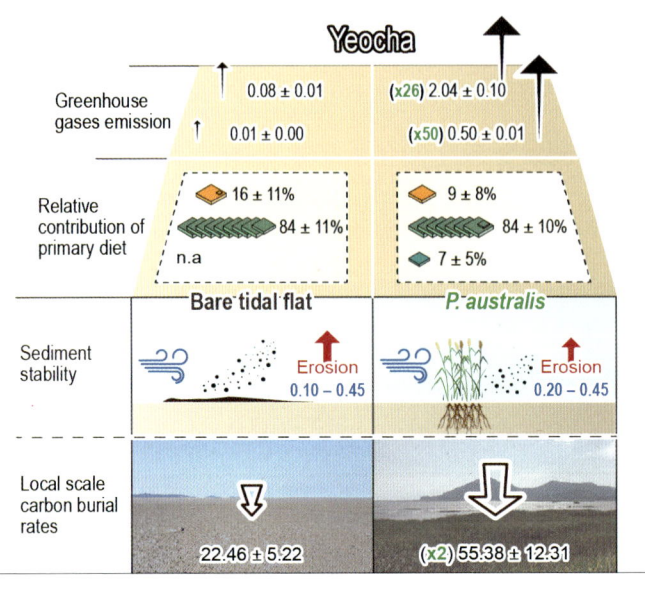
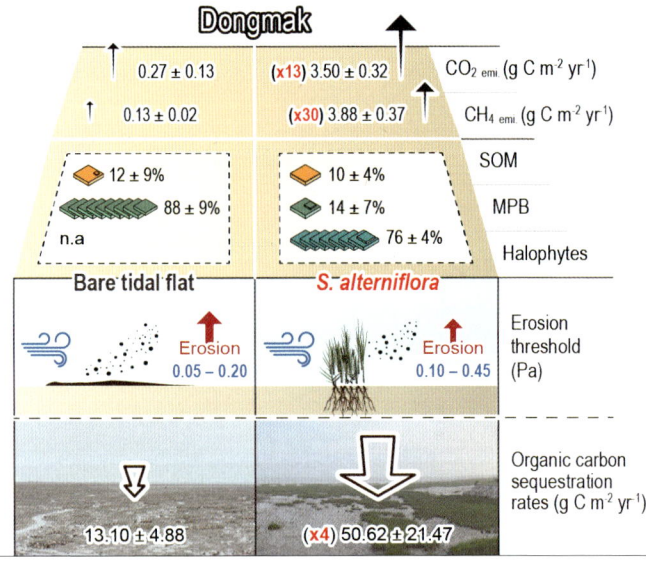

갈대와 갯끈풀의 비식생 갯벌에 대한 생태계 영향 비교 종합

갯끈풀의 알려진 장점에 해당한다.

　④ 탄소침적률: 갯끈풀이 갈대에 비해 높은 지하부(뿌리) 생물량과 일차생산력으로 인해 상대적으로 더 높은 퇴적물 내 탄소침적률을 보였다.

　이상을 종합적으로 고려해 볼 때, 갯끈풀은 우리나라 입장에서 '외래종'이긴 하지만, 다양한 장점과 훌륭한 '생태계서비스'를 제공하고 있다는 결론에 도달한다. 갯끈풀 침입 역사가 긴 중국의 경우와는 달리, 우리나라의 경우 아직 갯끈풀 서식 면적이 넓지 않고, 정부의 갯끈풀 확산 방지 노력도 효과성을 거두고 있는 지금, 향후 갯끈풀에 대한 새로운 관리체계를 고려해 볼 필요가 있다. '유해해양생물'이 아닌 '유입종'이란 편견 없는 관점에서 말이다.

Chapter 2. 해양생태계의 위기

남극 해양생태계의 위기

지구 땅끝 극지가 정복된 지 110여 년이 훌쩍 지났다. 두 극점을 최초 정복한 위대한 탐험가 아문센, 그리고 그의 전후 기록된 수많은 탐험과 과학을 위한 도전은 지금도 현재진행형이다. 남극에는 30여 개국 80여 개 과학기지가 있고, 북극에도 40여 개 과학기지가 운영 중이다.

극지는 꽤 흥미롭고 매력적인 탐구 장소다. 수십만 년 전의 빙하에 기록된 지구 역사와 생명 진화 흔적은 수많은 과학자를 극지로 이끌어 왔다. 극지는 혹독한 추위를 버텨온 극한의 기후·해양환경을 탐구하고 원초적 지구생태계 변화와 생명현상의 비밀을 풀기 위한 최적의 장소임이 틀림없다. 그래서 해양학자라면 누구나 동경하고 도전하고 싶은 대상이다. 내가 해양학을 공부한 몇 가지 이유 중 하나도 '남극'이었다.

머나먼 지구의 땅끝, 동경의 남극해

현실의 벽은 높았다. 초호화 극지 여행 상품은 최근 일이고, 대부분 소수 탐험가나 과학자에게만 극지 출입이 허락되어 왔기 때문이다. 기회가 오더라도 기나긴 여정과 방해 요소가 많다. 대륙으로 둘러싸인 '북극'은 그나마 접근하기 쉽다. 그러나 '남극'에 가려면 비행기, 헬기, 보트, 쇄빙선을 모두 이용해야만 한다. 한국에서 남극 끝자락 서남극 반도까지만도 비행기를 4번 갈아타야 한다. '남극'은 한마디로 극한의 기후와 극야, 가뭄과 같은 혹독한 환경을 뚫어야만 밟을 수 있는 특별한 땅이다.

멀고 험난한 여정이 필수지만, 미국, 유럽, 일본, 중국 등 세계열강과 많은 국가가 극지 연구에 앞다투어 왔다. 우리나라도 '극지연구소'를 필두로 세계적 과학연구에 동참한 지 오래다. 1988년 남극 세종과학기지를 시작으로, 2002년 북극 다산과학기지, 2014년 남극 장보고과학기지에서 극지 연구가 한창이다.

남극은 표면의 98%가 얼음으로 뒤덮여 있어 기후변화에 가장 민감한 장소다. 실제 남극의 기온이 지난 30년간 세계 평균의 3배 이상 빠르게 상승했다고 한다. 2018년 서울 면적의 10배에 달하는 라센C 빙붕($\sim$5,800km^2)이 붕괴하였고, 2022년 3월에는 불과 2주 만에 로마 면적에 맞먹는 콩거 빙붕($\sim$1,200km^2)도 무너졌다. 2021년 북미 전역에 휘몰아친 겨울 폭풍과 대한파, 2022년 여름 한반도에 쏟아진 100년 만의 폭우와 40°C를 웃도는 유럽 전역의 기록적 폭염은 기후변화 가속화의

2017년 극지 하계 연구캠프 출정식

단상들이다. 그리고 2024년 지구표면의 평균온도는 산업화 이전 대비 1.5℃ 임계점을 넘어 1850년 이래 가장 뜨거울 것으로 예측된다. 글로벌 기후변화 최전선에 있는 남극 연구가 더욱 중요한 이유다.

험난한 남극 조사 끝에 쥐어진 값진 자료

2017년 우리 연구진에게도 남극의 문이 열렸다. 한평생 극지 연구에 매진해온 극지연구소의 안인영 박사님의 제안으로 남극 저서생태계 연구를 시작하게 되었다. 예전부터 남극에 대한 관심과 동경이 컸기에 기대가 컸는데, 다행히 학생들도 좋아했다. 우리 연구진은 2017년부터 약 3년간 세종과학기지 2회, 아라온 쇄빙연구선 조사연구 1회 등 총 3회의 남극 탐험을 수행하였다. 아쉽게도 나는 남극을 직접 밟지 못했지만, 송성준 박사님, 배한나, 김동우, 김호상 등 연구진은 평생 잊지 못할 남극 탐험에 동참하였다. 나는 그들과 연구 결과를 분석하고 논문을 작성하는 것으로 동경하던 남극 연구를 그나마 맛볼 수 있었음에 만족해야 했다.

우리의 소중한 남극 탐험은 사진과 일기, 그리고 논문으로 기록되었다. 첫 번째 탐험은 2017년 세종과학기지 방문이었다. 중간 기착지인 칠레의 끄트머리, '푼타아레나스'에 도착하는 데만 40시간이 걸렸고, 남극을 코앞에 두고 기상악화로 사흘간 발이 묶였다고 한다. 어렵사리 도착한 세종과학기지에서도 새롭고 어려운 첫 경험은 계속되었다. 그렇게 동경하던 남극 조사인데 번번이 기상악화와 강풍으로 연구선

출항은 늦어지기 일쑤였고, 그나마 출항해도 돌풍과 빙하가 무너져 내리면서 수면을 가득 메운 얼음은 걸림돌이었다. 실제 일주일을 기준으로 조사는 하루, 이틀 정도만 가능했다고 하니 연구진의 허탈감과 압박감을 상상할 수 있었다.

2018년 두 번째 세종과학기지 방문 연구도 돌발상황의 연속이었다고 한다. 방심한 순간 해저탐사 장비인 무인잠수정(ROV)이 타이태닉인 양 유빙에 부딪혀 침수되기도 하고, 마리안 소만 빙벽 근처에서의 조사는 수시로 무너지는 빙벽과 유빙에 속수무책이었다고 한다. 그나마 만만한 조간대 조사도 추위와 강풍, 안개, 비, 눈, 펭귄의 지독한 배설물 냄새까지 연구진을 괴롭혔다고 하니 그들의 노고에 새삼 고개가 숙어졌다. 그렇게 그들은 다시 한번 남극의 쓴맛을 봐야 했다.

마지막 세 번째 남극 탐험은 쇄빙연구선 아라온호 항해로 이루어졌다. 2018년 4월, 남극에서의 겨울이 시작될 무렵 남극해를 항해한 아라온호는 한층 거칠어진 바다와 싸워야 했다. 1달 이상의 조사 동안 눈과 비바람, 그리고 성난 파도와 싸우면서 우리 연구진은 값진 연구자료를 얻었다. 그렇게 세 번째 남극 탐험도 다행히 큰 사고 없이 끝나게 되었다.

세 차례 남극 조사를 통해 우리는 매우 값진 시료를 확보할 수 있었다. 총 1,500여 점의 생물 표본과 1,000여 개의 저서 이미지, 그리고 수백 개의 수심별 퇴적물 시료를 획득했다. 연구 목적인 남극 빙하의 후퇴가 저서생태계에 미치는 영향을 분석하기에 충분한 자료를 확보한 것이다. 특히, 킹조지섬의 마리안 소만에서는 만의 입구부터 가장 안쪽에 있는 빙벽까지 전 수심에 대한 해저 조사를 통해 저서생태계 군집의 분포 특성과 공간적 천이에 대해서 파악할 수 있었다.

빙하 후퇴에도 끄떡없는 남극의 저서생물

우리는 남극 빙하 후퇴가 저서생태계에 영향을 주는지를 파악하는데 있어 두 가지 측면(즉, 대상생물)에 집중하였다. 첫 번째 대상은 '저서미세조류'였다. 흔히 저서미세조류는 갯벌과 같은 조간대 환경에서 흔히 관찰되는 종으로 바다에서 일차생산을 담당하는 중요한 먹이원이다. 남극에도 조간대 환경에서는 저서미세조류가 많고, 조하대에도 군체를 이루며 발달하는 것이 보고된 적이 있다. 그래서 우리는 마리안 소만에서 빙벽으로부터 거리에 따라 조간대와 조하대 여러 수심에서 저서미세조류를 직접 채취하여 종조성과 공간 분포 특성을 살펴봤다.

결과는 예상 밖이었다. 뜻밖에도 최근 빙하가 후퇴한 지점, 즉 빙벽과 거리가 가까워 담수 유입으로 인한 환경변화가 큰 지역에서 사슬형의 군체를 이루며 발달하는 저서미세조류를 다량 관찰하게 되었다. 그리고 빙벽과의 거리가 멀어질수록 저서미세조류 생물상이 단조로워지는 것을 확인하였다. 우리는 빙하가 녹으면서 얼음 속에 살던 유빙조류가 유입되었음을 확인하였고, 담수와 함께 유입된 미량원소가 저서미세조류의 성장과 천이를 유발하였음을 알 수 있었다. 이번 연구로

2018년 남극 마리안소만 조간대 및 조하대 조사 현장

남극에서의 빙하 후퇴가 저서미세조류 군집 천이를 일으켜 궁극적으로 중대형 저서생물의 종조성과 분포 특성에까지 영향을 미칠 수 있다는 사실을 새롭게 밝혀냈다.

두 번째는 저서미세조류 연구의 연장선에서 빙하 후퇴가 '조하대 저서생물'의 분포에도 영향을 주는지 파악해봤다. 마리안 소만 저서생물 중 우점하는 '멍게'를 대상생물로 선정하고, 이들의 군집 변화를 살펴봤다. 멍게는 부착성 생물이기 때문에 저서환경 변화에 고스란히 노출된다는 점에서 모니터링 종으로 유리한 측면이 있다. 조사 결과는 역시 뜻밖이었다. 멍게는 저서미세조류와 달리 빙벽으로부터 거리가 멀어질수록 다양한 군집구조를 보였다. 하지만 멍게의 서식밀도는 저서미세조류와 마찬가지로 빙벽 인근에서 가장 높은 것으로 확인되었다. 이러한 경향성은 특히 수심 30-50m에서 두드러졌다. 해당 수심은 빙하 후퇴에 의한 환경 교란이 적고, 저서미세조류나 해조류와 같은 일차생산자가 다양한 환경이란 점에서 멍게에게는 최적의 서식처가 된 것으로 이해된다. 결국 빙하 후퇴에 따라 성장이 재빠른 일부 개척종이 급격하게 증가하고, 다양성(종수)은 낮은 대신 생물량(서식밀도)은 높아지는 군집 특성을 나타나게 된 것으로 해석할 수 있었다.

이번 남극 연구를 통해 한가지 확실히 알게 된 점은 빙하 후퇴로 인해 해양환경이 급변하고, 이에 대응해서 저서생태계도 빠른 속도로 변화하고 적응해나간다는 사실이다. 특히, 저서미세조류, 중형저서동물, 대형저서동물로 이어지는 남극 저서생태계 먹이망 구조가 빙하 후

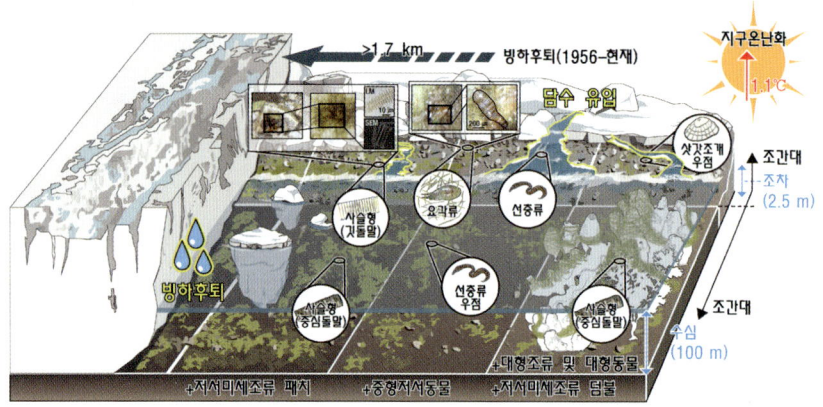

남극 마리안 소만에서 빙하 후퇴에 따른 저서생태계 군집 변화 연구 결과

퇴에 따라 시·공간적 천이 특성으로 나타났다는 점이 확인되었다는 것이 중요한 대목이다. 이는 기후변화란 혹독한 환경변화에 극지 생태계가 민감하고 빠르게 반응하면서도 생태계 측면에서 경쟁 배타의 원리에 맞게 균형과 안정화를 추구하는 방식으로 적응하고 공존할 수 있다는 해석도 가능하기 때문이다. 그러나 기후변화가 궁극적으로 저서생태계에 득이 된다고 과감하게 해석하는 것은 아직 무리가 있다.

기후변화 연구의 시작, 남극에서 찾자!

이제 기후변화에 따른 해양 위기는 체감 그 이상이 되었다. 최근 전 세계적으로 기후변화와 탄소중립 해결책의 하나로 바다의 이산화탄소 흡수 능력인 '블루카본'이 주목받고 있다. 국내에서도 블루카본 관련 연구가 더욱 활발해졌다. 갯벌, 해조류, 굴밭, 대륙붕 퇴적물 등 신규 블루카본 후보군에 관한 연구도 꾸준히 증가하고 있다. 하지만 남극의 블루카본 연구는 아직 걸음마 수준이다. 몇몇 학자들이 남극 저서생물의 탄소저장 능력에 대해 보고하였을 뿐이다. 빙하 후퇴로 드러난 조간대와 조하대에서 새롭게 형성되는 저서미세조류와 해조류 등 식물생태계를 대상으로 하는 블루카본 연구도 시도해 볼 만하다.

나아가, 남극 저서동물 역시 새롭게 노출된 저서환경에서 빠르게 정착하고 번성해나간다는 점에서 블루카본 후보군으로 연구가 필요한 대상이다. 남극의 생물은 수명이 긴데, 대표 저서생물인 큰띠조개는 수십 년 이상 살고, 일부 유리해면은 1만 5,000년 이상 살 수 있다고 한다. 즉, 저서생물이 그만큼 오랜 기간 탄소를 저장해 준다는 해석이 가능하다. 기후변화 가속화가 더 심각해진 지금, 남극과 남극의 저서생태계에 대한 새로운 도전적 연구가 기대되는 요즘이다.

우리나라는 남극에 연구원이 상주하는 두 개의 과학연구기지가 있고, 쇄빙연구선을 보유한 극지 연구의 강국이다. 아직 밝혀지지 않은 수많은 해양학적 난제에 관한 연구와 도전이 다시 한번 남극에서 시작될 것을 기대해본다.

김종성 교수의 우리 바다 우리 생물
Chapter 3

개발과 보전의 화두

━━━ Chapter 3. 개발과 보전의 화두 ━━━

① 해상풍력발전 득과 실

전 지구적으로 기후위기 심각성에 관한 연구 결과가 속속 나오고 있다. 2021년 IPCC 6차 보고서에 따르면, 기후변화의 속도가 과거 예상했던 것보다 10년 빨라졌다고 한다. 해를 거듭하면서 깨지는 폭염지수, 기록적 호우, 그리고 빈번해지는 슈퍼태풍 등을 정확히 예측하기란 매우 어렵다. 그 피해도 점점 커질 수밖에 없는 이유다. 한반도 기후변화 취약성에 관한 연구 결과도 끊이지 않고 있다. 동해안의 연안 침식은 어제, 오늘 일은 아니다. 그러나 문제는 연안 침식 가속화와 피해 규모 또한 계속 커진다는 점은 심각한 문제다.

기후위기의 피해는 경제적 손실에 국한하지 않는다. 그 피해가 우리 삶과 직결되는 생존의 문제이기 때문이다. 인류 문명의 역사에서 인간의 삶을 획기적으로 도약시킨 화석에너지가 부메랑이 된 셈이다. 다른 선택지, 즉 탄소가 발생하지 않는 자연에너지만이 근본적 해결책이다. 다양한 자연에너지 중에서 바다의 풍력에너지에 주목해야 하는 이유다. 삼면이 바다인 우리나라는 계절풍이 강하고, 바람의 세기와 방향도 육상보다는 규칙적이란 점에서 해상풍력에 유리한 측면이 있다. 그러나 해상풍력발전단지의 입지 조건, 기술적 한계, 해양생태계에의 영향 등 부작용에 대한 우려의 목소리도 크다.

해상풍력발전 현황

세계적으로 해상풍력발전은 지속적인 성장세를 보여왔다. 한국전력공사에 따르면 2030년까지 전 세계에 약 237GW 규모의 해상풍력발전단지가 설치된다고 한다. 현재까지 영국, 독일, 중국 등 주요국이 해상풍력 전체 시장의 82%를 점유하고 있으나, 후발국도 늘어나는 추세다. 해상풍력 터빈 1기의 평균 용량은 2010년 3MW 수준이었으나, 최근 10MW급 터빈이 상용화되었고, 추후 12MW급 터빈이 도입된다고 한다. 기술적으로 터빈이 대형화되면서 발전량도 증대되고 경제성도 커지고 있다. 해상풍력이 미래에너지의 핵심이라 해도 무방할 만큼 시장규모가 커질 전망이다.

우리나라 해상풍력 설치용량은 2023년 말 기준 0.15GW로 걸음마 단계다. 2017년 우리나라 정부는 에너지 3020 정책을 발표하였다. 이 계획에 따르면 해상풍력 보급목표는 2030년까지 12GW였다. 이 계획에는 전남 신안 앞바다에 약 48조 원을 투자해 8.2GW란 세계 최대규모 풍력단지를 조성하는 계획도 포함되어 있다. 해상풍력발전 사업이 우리나라 에너지 정책의 주인공이든 조연이든, 미래에너지 산업의 한 축임은 분명하다.

해상풍력과 육상풍력의 장·단점

해상풍력과 육상풍력의 장·단점은 비교적 잘 알려져 있다. 해상풍력은 육상풍력보다 입지제약에 있어 비교적 자유롭다. 해상풍력은 해안에서 멀어질수록 풍속이 높고 바람이 균일해진다는 점에서 외해에도 적합하다. 이를 종합하면 외해에 대규모 단지 조성이 가능하고, 수명이 긴 장점도 갖게 된다. 풍력터빈이 설치되는 위치에서 바람 품질도 해상이 육상보다 좋아 에너지 효율이 높다고 한다.

그러나 단점도 있다. 해상풍력은 육상풍력과 비교해 설계, 기초조사, 설치, 그리고 운전 비용 등 제반 비용 측면에서 불리하다. 해상풍력의 전력망이 육상에서 멀어질수록 설치, 보강 비용도 커져 비용효과성에서 열세다. 한편, 인간과 환경, 그리고 생태계에 미치는 영향을 직접 비교하기는 어려울 것 같다. 다만 해상풍력발전단지 설치와 운영에 따른 부유사, 수중소음, 전자기파 등 압력요인이 발생함은 자명하고, 해양생태계에 영향을 미치는 것으로 알려져 있다.

해상풍력발전이 해양생태계에 미치는 영향은?

해상풍력발전에 따라 해양생태계의 영향에 관한 과학적 연구도 늘어나고 있다. 해상풍력과 관련한 해양환경 및 해양생태계 변화는 풍력발전기의 건설, 운영, 해체 등 단계에 따라 다르게 나타난다. 우선 단계별 환경 요인을 보면, 건설 시에는 하부 구조물 설치를 위한 항타로 수중소음과 부유사가 대량 발생한다. 전력 케이블 설치에 따른 해저 퇴적물 교란은 부유사 발생과 해저지형 변화를 초래한다. 운영 중의 주요 환경압력요인으로는 수중 구조물 주변의 세굴 현상, 터빈 작동에 의한 소음, 케이블 주변의 전자기장을 들 수 있다. 구조물과 케이블 해체 시에도 부유사나 해저지형 변화 등이 일어난다.

'해양포유류'는 여러 요인 중에 특히 수중소음의 영향을 많이 받는다고 알려져 있다. 이는 해양포유류가 이동, 개체 간의 소통, 또는 먹이 섭식 등의 활동에 있어 청각을 이용하므로 수중소음에 민감하기 때문이다. 예를 들면, 해상풍력기 운영 시 발생하는 저주파 소음은 돌고래에 가장 민감한 음역대로 알려져 있다. 또한 항타 소음은 100m 기준 최대 205dB로 고래류에게 악영향을 미치는 수준으로 보고된 바 있다. 독일 연구진이 덴마크 앞바다에서 조사한 연구에 따르면, 5개월간 해상풍력단지 건설 중에 쇠돌고래 출현량이 현저히 감소했다고 한다. 흰고래를 대상으로 한 실험에서 수중소음이 혈중 스트레스 호르몬을 상승시켰다는 연구 결과도 있다. 다만, 국내의 경우, 해상풍력단지 건설이 고래류에 미치는 영향에 관한 연구는 현재까지 부재하다. 제주 해상풍력단지 건설이 계획된 지금, 해양보호생물인 제주 남방큰돌고래에 관한 연구가 시급한 때다.

'어류'는 부유사, 수중소음, 전자기장 모두 그 영향이 큰 것으로 알려져 있다. 예를 들면, 부유사로 인한 탁도 증가는 어류의 스트레스를 유발하며 체내 활성산소 친화력이 강해져 세포나 기관의 막을 공격하여 세포 기능을 훼손한다. 또한, 부유사 농도가 높아질수록 아가미와 신장 조직이 비정상적 형태로 변형되며, 넙치 치어의 사망률이 높아진다는 연구 결과가 있다. 해상풍력단지 건설 소음은 어류의 가청 주파수 범위와 중첩되는 저주파 영역에 속하기 때문에, 다양한 소음 스트레스를 발생시킨다고 한다. 일례로 건설 소음이 발생하면 어류의 유영 속도가 빨라지거나 회피 거리가 증가하며 스트레스 호르몬이 증가할 수도 있다. 끝으로, 전자기장은 어류의 지구자기장을 이용한 이동이나 먹이 탐색 등의 활동에 영향을 미친다고 알려져 있다.

해저 퇴적물 내부나 표층에 서식하는 '저서생물'은 건설과 운영 단계에서 주변 유속의 변화에 기인한 해저면의 지형변화에 따라 영향을 받는다고 한다. 또한 세굴과 같은 해저면 침식, 이동 및 퇴적으로 인해 저서생물의 서식 환경이 바뀌고 이어 생물량의 감소를 초래할 수 있다. 심한 경우, 구조물 안정성에도 문제가 발생할 수 있고, 이는 해양생태계에 더 큰 피해를 줄 수 있다. 유영생물의 경우 저서생물과 비교해 회피 능력이 크므로 영향을 최소화할 수 있으나, 저서생물은 이동 능력에 한계가 있어 그 피해가 커질 수 있다. 특히, 저서생물은 케이블 주변에 형성되는 전자기장에 의해 이동 및 행동 등에 교란이 일어날 수 있다고 한다.

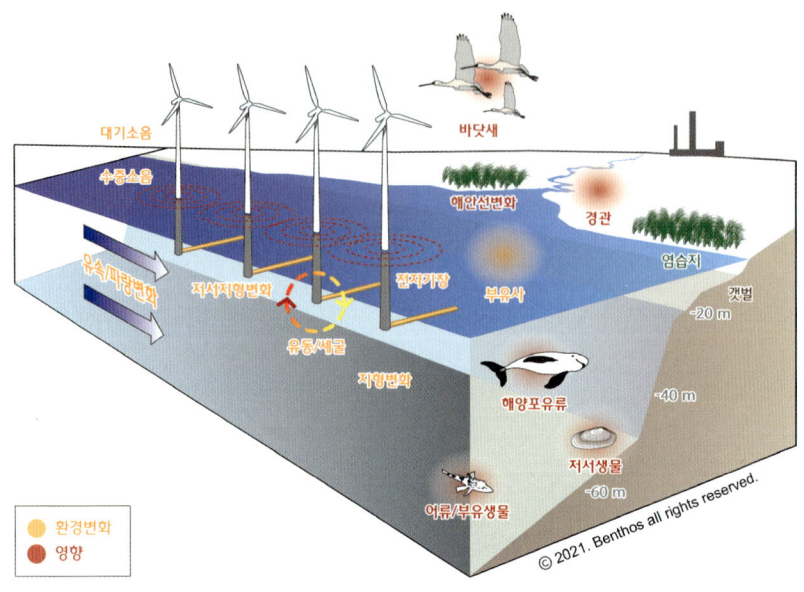

구분	발생 원인	환경변화	영향
건설 시	항타, 케이블 매립	부유사	어류, 부유생물
	항타	수중소음	어류, 포유류
	케이블 매립	해저지형변화	저서생물
운영 중	수중구조물	유동, 세굴	저서생물, 부유생물
	지상구조물(터빈)	대기·수중소음	바닷새, 포유류, 경관
	전력케이블	전자기장	어류, 저서생물
해체 시	케이블 제거	지형변화	저서생물
	구조물 해체	부유사	어류, 부유생물

해상풍력발전이 해양생태계에 미치는 영향

    식물성 및 동물성 플랑크톤과 같은 '부유생물'의 경우, 부유사 확산으로 인한 피해가 보고된 바 있다. 특히, 식물성 플랑크톤은 해상풍력단지 건설 및 해체 시 대량으로 발생하는 부유사의 확산으로 인해 광투과성이 약화되어 식물성 플랑크톤의 기초생산력 감소와 성장 저해를 초래할 수 있다. 이들의 성장 저해는 곧 어류와 저서무척추동물과 같은 상위 영양단계 소비자의 먹이 공급원의 감소로 이어져, 전체 해양생태계에도 영향을 줄 수 있다고 한다.

해상풍력발전단지가 '조류'에 미치는 영향은 주로 구조물에 의한 것으로 알려져 있다. 시각적 회피, 서식지(기착지) 소실, 그리고 터빈과 같은 구조물과의 충돌 등의 피해가 예상된다. 봄철과 가을철 도요새, 물떼새를 포함한 바닷새가 서해 권역 해상풍력발전단지 주변을 통과하거나 기착지로 이용 시 터빈 소음이 영향을 줄 수도 있겠다.

해양환경영향평가의 한계와 개선점

우리나라 해역은 서로 다른 독특한 해양환경 특성을 가진다. 그런데 현재 해상풍력단지의 입지 선정 시 해역별 특성이 제대로 반영되지 않고 있다. 서해안은 조차가 크고 수심이 낮으며, 강과 하천에서 유입되는 부유물에 의해 탁도가 높고, 퇴적작용이 활발하여 갯벌 조간대가 넓게 분포한다. 남해안 역시 조차가 비교적 크고 수심이 낮은 지형적 특성을 보이나 섬이 많아 파랑의 영향은 상대적으로 적다. 반면 동해안은 해안선이 단조롭고 섬이 적어 파랑의 영향이 큰 편이며, 조차가 작고 남북 방향의 해류가 우세한 특성을 보인다. 해상풍력 발전사업의 환경영향평가 시에는 해역별 환경 특성을 고려한 평가항목의 선정이 중요하고, 이에 따른 조사와 예측이 뒤따라야 한다. 가까운 미래, 우리 해역의 특성에 맞는 해양환경영향평가 기준이 제시되기를 기대해본다.

그동안 우리나라는 해상풍력단지 등의 조성을 위한 사전 환경성

평가의 경우, 해양수산부의 '해역이용협의·영향평가' 또는 환경부의 '환경영향평가' 등이 혼재돼왔다. 다만, 2024년 '해양이용영향평가법'이 제정되어 향후 해상풍력과 관련한 해양 이용 개발사업의 경우 평가와 관리의 주체가 해양수산부로 일원화될 전망이다. 그러나 갈 길이 멀다. 현재 평가항목이 '해상풍력'에 특화되지 않은 점과 중복 혹은 누락 된 평가항목에 대한 개선 등 해결해야 할 일이 많기 때문이다. 해양환경은 육상환경과 매우 다르다는 점에서 육상풍력이 가진 환경영향을 고려하면서도 해양환경 특성에 맞게 세밀한 분석과 접근법이 요구된다. 해상풍력에 의한 생태계 및 사회경제적 영향평가에 있어 해양포유류, 바닷새 등 직접적인 피해를 줄 수 있는 해양생물에 대한 영향평가의 신규 항목 도입 등이 검토되고 있음은 고무적이다.

해양환경영향평가연구 본격 착수

우리는 2021년 해양수산부의 '과학기술기반 해양환경영향평가 기술개발' 과제에 착수하였다. 해역이용영향평가의 해양환경 진단, 평가기술 개발, 영향 예측기술 고도화 및 해양환경 유지를 위한 적정기준을 도출하기 위한 연구이다. 해상풍력발전단지, 바다골재 채취단지와 같은 해양 이용 및 개발사업에 대한 사회적 갈등을 줄이고 국민 신뢰도를 회복하는 것은 어려운 숙제다. 본 과제에 참여 중인 산·학·연·공 18개 기관은 2025년까지 5년간의 연구를 통해, 최종적으로 우리나라 해양환경영향평가에 대한 지침과 표준을 제시할 예정이다.

우리는 지난 3년간 서남해 실증단지, 제주 탐라, 제주 한림, 전남 신안 등의 해상풍력단지 운영지와 예정지인 해역을 대상으로 현장 조사를 수행해 왔다. 조사지역 선정 시 해역별 특성과 함께 해상풍력발전단지 건설 단계별 상황도 고려하였다. 현행 해역이용영향평가에 적용되는 14개 기본항목 외에 신규항목으로 수중소음, 전자기장, 바닷새, 포유류, 일차생산 등을 포함하였다.

2022년 제주 탐라해상풍력단지 현장 조사는 내게 매우 특별한 기억으로 남아있다. 배경소음과 함께 풍력기의 운영 시 발생하는 소음을 다이빙해서 물속에 들어가 직접 듣고 측정했던 뜻깊은 조사였기 때문이다. 배를 타고 해상풍력발전기에 접근할수록 블레이드가 회전하고 터빈이 작동하는 소리가 점차 커지는 것을 매번 느꼈지만 직접 물속에 들어가서 두 귀로 수중소음을 듣게 되니 전신이 찌릿찌릿했다. 처음 느끼는 새로운 경험이었고, 그 이후 연구에 더 애착과 자신감이 생기는 계기가 됐던 것 같다.

제주 조사를 통해 우리는 해상풍력발전기 바로 밑에서 측정된 운영 소음이 발전기로부터 약 500m가량 떨어진 곳에서 측정된 일종의 배경소음에 비해 대략 10배 이상 크다는 사실을 알게 되었다. 실제 발전기 운용으로 인한 수중소음이 지속될 때 해양생물에 유의한 잠재적 영향이 나타날 수 있겠다고 생각하게 되었다. 수중소음에 따른 생물 영향에 관한 국외 연구사례는 보고된 바 있어 그동안 머리로만 이해됐던 부분이 선명해진 느낌이었다.

생물영향평가 기준 마련을 위한 우리의 도전

현재, 우리 실험실에서는 어류, 저서무척추동물, 부유생물 등 다양한 해양생물에 대한 소음 노출 실험을 진행 중이다. 우리는 지속적으로 메조코즘 시스템을 개선하면서 해상풍력 설치 시 발생하는 수중소음과 부유사, 운영 시 발생하는 수중소음과 전자기장을 생태계별 주요 생물종에 노출한 후 다양한 생물영향 지표로 평가하고 있다.

생물영향 검정데이터가 축적되면, 수중소음, 부유사, 전자기장마다 '종민감도분포' 지도를 작성할 수 있다. 종민감도분포란 각 스트레스 요인에 대한 생물종간 민감도, 다양성을 나타내는 누적 분포를 의미한다. 이를 통해 우리는 수중소음, 부유사, 전자기장에 대하여 전체 종의 95%를 보호할 수 있는 수준인 5% 위험 수준을 계산하고, 해양생태계에 서식하는 생물에게 잠재적 유의한 영향이 나타나지 않음을 예측하는 수준인 예측무영향농도를 도출할 수 있게 된다.

현재 수중소음과 관련한 국외 지침은 대부분 고래류나 바다거북에 집중되어 있다. 어류와 저서무척추동물은 생물량이 크고 생물다양성이 높으며 해양생태계 먹이망의 중요한 위치를 점하고 있으나 생물영향 연구는 여전히 부족하고, 관련 가이드라인도 부재하다. 어류나 저서무척추동물은 유영 능력, 청각, 생리학, 행동학적 측면에서 생태적으로 해양포유류와 크게 다르므로 별도의 기준이 필요함을 상기할 필요가 있겠다.

부유사 또한 국외의 경우 수질기준을 마련하여 해양생태계를 보

해양환경영향평가연구

호하고 있으나 대부분 담수생태계에 집중되어 있어 해양생태계에 대한 기준은 제한적이다. 국내에서는 하천과 호소 내 부유물질 기준을 등급별로 나누어 하천 수질을 체계적으로 관리하고 있다. 하지만 해상풍력단지 건설 시 발생하는 부유사가 해양생태계에 미치는 영향에 관한 관련 규정이나 관리지침은 미흡하다. 해양생태계와 담수생태계의 차이를 인지하여 해양생물에 적합한 기준, 그리고 이를 뒷받침할 수 있는 과학적, 객관적 검정 자료가 시급히 요구된다.

끝으로, 더욱 중요한 것은 실내 메조코즘 연구가 가지는 한계와 불확실성을 줄이는 일이다. 실내 메조코즘 연구에서 확인된 민감종과 생태계 중요도가 높은 생물종 대상으로 현장 메조코즘 실험을 통한 검증단계가 필요하다. 실험실

조건의 영향평가 결과는 현장을 재현하는 데 한계가 있기 때문이다. 우리는 2022-23년 실해역 기반 생태계 영향평가 실험을 위해 제주탐라 해상풍단지에 현장 메조코즘 시스템을 구축하여 실험한 바 있다. 그러나 예상했던 대로 현장 실증은 녹녹하지 않았고, 아직도 가야 할 길이 멀다. 2024년 하반기 제주 바다에서 진행될 현장 메조코즘 연구가 다시 기다려진다.

Chapter 3. 개발과 보전의 화두

스마트 혁신기술
아쿠아포닉스

　코로나19 팬데믹에 이어 기후변화의 폐해 체감도가 날로 커지는 요즘이다. 그 영향범위는 경제, 사회, 산업 전반으로 확산하고 있고, 쉽게 회복될 기세가 아니다. 널 뛰는 식자재 가격이 밥상 물가 대란으로 번지고 있다. 해마다 반복되는 여름 장마, 겨울 한파로 식자재 수요와 공급 균형은 이미 깨졌고, 코로나 팬데믹은 끝났지만, 그 여파는 언제 끝날지 모르겠다. 특히, 지난 4년간 소비자 구매 여건이 크게 바뀌었고 글로벌 식품 시장의 인플레이션도 멈출 기세를 보이지 않는다.

　코로나19가 한창이던 2021년 중국은 역대 최악의 홍수로 채소 가격이 한 달 새 16% 폭등하였다. 시금치는 40%, 오이는 80%까지 오르고 브로콜리 가격도 3배 이상 오르면서 물가상승은 역대 최고치를 찍었다고 한다. 당시 우리나라 상황도 크게 다르지 않았다. 양상추는 늦더위와 가을장마 그리고 갯벌까지 얼어붙게 만든 한파까지 겹쳐 생산량이 70% 줄고 가격은 3배나 올랐었다. 상추는 5배나 비싸져서 기본 햄버거 속 양상추마저 사라졌던 웃픈 기억이 있다. 삼겹살보다 비싼 깻잎 덕에 쌈 채소를 선뜻 내놓는 고깃집도 많이 사라졌고, 지금도 그 여파는 계속되고 있다.

기후 온난화가 바꾼 한반도 작물지도

기후변화가 생태계에 미치는 영향을 한마디로 명쾌하게 설명하기란 쉽지 않다. 우리가 매일 먹는 음식은 어떤가? 흔히 먹는 물고기나 채소를 생각하면 이해하기가 좀 쉬울 것 같다. 채소는 계절과 기후에 가장 민감한 식자재 중 하나다. 식물의 재배한계선이 기후변화로 빠르게 북상하고 있음은 잘 알려진 사실이다. 과거 국립농업과학원은 평균기온이 1°C 상승하면서 우리나라 농작물 재배한계선이 81km 북상하였고, 고도도 154m 상승하였다고 밝힌 바 있다.

몇 년 전 뉴스 기사가 생각난다. 인천의 한 농장에서 따뜻한 제주에서 나던 감귤을 성공적으로 재배했다는 소식이었다. 안성에서 바나나가 본격 출하된 것도 옛말이 되었다. 사과하면 대구였는데, 지금은 강원도 사과가 최상품이 되었다. 과거 수입에만 의존하던 패션프루트나 파인애플도 이제 국내산이 넘쳐난다. 지구온난화가 한반도 작물지도를 완전히 바꿔버렸다. 사계절이 익숙했던 우리는 여름이 지나면 곧 겨울옷을 입고, 한파가 지나면 어느새 반바지를 꺼낸다. 최근에는 사

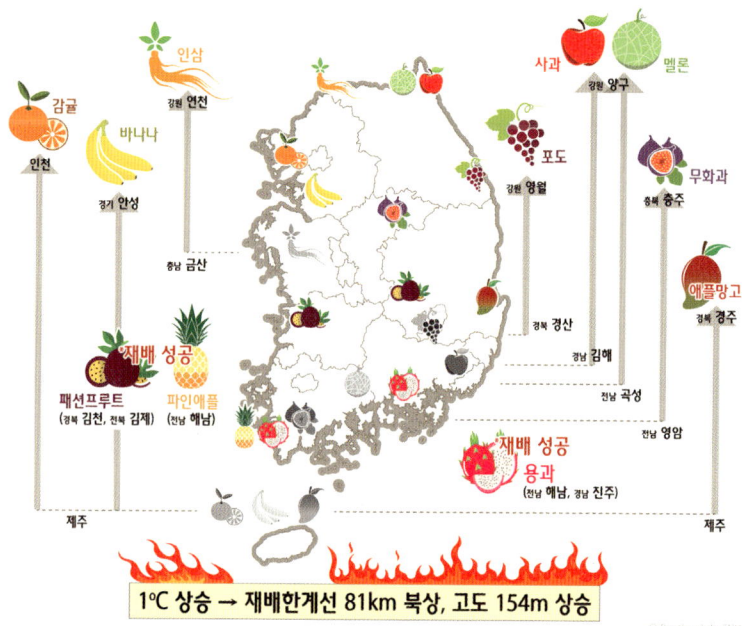

온난화로 바뀐 작물지도 (1980년대 → 최근)

계절을 하루에 느낄 만큼 날씨 변동 폭이 심해졌을 정도다.

푸드 마일리지란?

1994년 영국 환경운동가 팀 랭은 '푸드 마일리지'란 새로운 개념을 내놓았다. 식품이 생산된 후 우리 밥상에 오르기까지 이동한 거리(km)에 운반된 식품의 무게(t)를 곱한 값이다. 그래서 단위는 t·km로 표현한다. 즉 운반 거리가 멀수록, 물량이 많을수록 커지는 값이다. 따라

서 푸드 마일리지를 통해 얼마나 많은 양의 에너지가 소비됐는지, 환경을 어느 정도 오염시켰는지 간접적으로 알 수 있으므로 기후변화의 한 지표로 사용될 수 있다.

푸드 마일리지에 대한 통계를 잠깐 살펴보면, 우리나라의 현실을 금방 알 수 있다. 최근 통계는 아니지만 2010년 기준으로 국민 1인당 푸드 마일리지는 한국 7,085t·km로, 일본 5,484t·km, 영국 2,337t·km, 프랑스 739t·km 등에 비해 매우 큰 것으로 알려져 있다. 단순 비교하면 한국의 푸드 마일리지는 프랑스의 10배다. 우리보다 5배나 큰 프랑스의 국가 면적을 고려하면 50배나 큰 값이다. 우리나라의 장거리 식품 수입 의존도가 매우 크다는 사실을 말해준다. 푸드 마일리지를 줄이는 것이 시급함을 시사하는 통계다. 개선 방법은 이론적으로 간단하다. 수입에 의존하지 않고 직접 농사를 짓고, 로컬푸드를 더 많이 이용하면 된다. 푸드 마일리지를 줄이는 것은 건강, 식량안보는 물론 온실가스 감축과도 직결됨을 기억하자.

세계 속 농업, 두 마리 토끼 잡기 딜레마

2016년 세계자원연구소의 글로벌 온실가스 배출량 분석에 따르면 농업 분야가 전체의 18.3%를 차지하였다. 농식품 산업이 배출량에 차지하는 비중은 최대 37%로 보고되기도 하였다. 그 이유는 토지의 경작, 관개 작업뿐만 아니라 각종 화학비료 사용과 토양침식으로 온실가스가 배출되기 때문이다.

2019년 유엔은 2100년이 되면 전세계 인구가 109억 명에 이를 것으로 예측하였다. 당분간 인구 증가는 피할 수 없는 현실이고, 그 대안은 농업 분야의 비중 확대일 것이다. 이제 식량안보는 물론 온실가스 감축에도 기여하는 농업기술이 필요해졌다. 두 마리 토끼 잡기 딜레마에 빠진 것이다.

우리 농촌과 농업의 열악한 현실

지난 50년간 한국 농가 인구는 84.4% 감소하였다(1,442만→ 225만). 1970년대 절반 가까이 차지하던 농가 인구수가 이제는 전체 인구의 4.3%에 불과하다. 반대로 고령화는 매우 심해졌다. 2019년에는 1970년 대비 농가 노령화지수가 94배까지 증가하였고(백 명당 11.4→1,073), 2020년에는 줄었지만 1970년 대비 8배로 여전히 높다(백 명당 11.4→129). 인구수 급감과 고령화는 우리 농촌의 심각한 현실을 여실히 보여주고 있다.

기후변화와 함께 농촌인구 급감이 결국 우리나라 곡물 해외 의존도를 지속해서 높여온 주범이다. 2020년 한국농촌경제연구원은 한국의 곡물 자급률은 22.5%로 사우디아라비아 다음인 최하위 수준이라고 분석하였다. 우리나라 농축산물 무역수지 적자 규모가 세계 4위에 올랐다. 그런데 1ha당 농약과 비료 생산량은 선진국보다 10배 이상 높다고 한다. 각종 통계와 지수가 한국 농업의 열악한 현실과 위기를 말해주고 있음이다.

농업 위기의 해결사, '스마트팜' 주목

우리나라는 주변국보다 기후변화에 더 취약하다고 한다. 2020년 한국 기후변화 평가보고서는 농업 분야에서 작물재배지의 북상과 해충 발생, 잡초 피해 등에 주목하면서, 기후변화의 피해를 최소화할 수 있는 농업기술의 발전이 필요함을 강조하였다. 최근, 전 세계적으로 주목받고 있는 '스마트팜'과 같은 신농업 기술이 필요한 이유다. 스마트팜은 1년 내내 일정한 환경조건 하에서 실내 경작이 가능하다. 즉, 기후변화 걱정도 없고, 영향도 최소화하는 미래 농업의 핵심기술인 셈이다. 국내 스마트팜 활성화는 푸드 마일리지 감소로 이어진다. 일석삼조인 셈이다.

글로벌 스마트팜 시장은 2025년 약 25조 원 규모로 예측된다고 한다. 지난 5년 연평균 10% 수준으로 꾸준히 성장해 왔음에 주목해야 한다. 국내 스마트팜 시장 역시 동일 기간 연평균 8.4% 성장했다고 한다. 당분간 스마트팜 시장의 성장세가 꺾이지 않을 것 같다. 이제 국가 차원에서 식량안보와 기후변화 대응을 위한 농식품 분야의 경쟁력 확보가 시급해졌다.

최근 정부도 스마트팜 관련 원천기술 개발 R&D 연구 지원에 적극적으로 나서고 있다. 스마트팜 경쟁력 제고를 위한 법·제도 정비, 우수 인력 양성 프로그램 발굴, 그리고 전북 김제와 경북 상주의 스마트팜 혁신밸리 운영 등은 스마트팜 보급과 상용화의 청신호다. 기업도 자생식물 자원화 사업, 아파트 단지 내 스마트팜 도입 등 다양한 사업을 앞다투어 추진하고 있다. 국내 관련 기술의 성장과 스마트팜 시장의 확대가 더욱 기대되는 요즘이다.

농·수산업 패러다임의 전환, 아쿠아포닉스 기술

최근 '아쿠아포닉스'가 세계적으로 주목받고 있다. 아쿠아포닉스는 물고기양식(Aquaculture)과 수경재배(Hydroponics)의 합성어다. 두 독립된 기술이 융합된 농법이자 어법이다. 무농약, 무항생제, 무방사능, 무환수(오염) 등 4無로 알려진 친환경 차세대 기술이다. 식물 성장에 필요한 영양분을 물고기 배설물로부터 공급받고, 식물이 정화한 깨끗한 물로 다시 물고기를 키운다. 무환수 기술은 노지재배보다 물을 90% 이상 절약시켜준다. 미생물을 이용해서 물고기 배설물에 들어 있는 유해한 암모니아를 분해하고, 식물 성장에 유리한 질산염이 공급되어 작물이 잘 자라게 된다.

아쿠아포닉스는 농약과 화학비료 없이 물과 영양분을 순환시켜 재사용하므로 환경에도 좋고, 가성비도 높다. 특히, 노지재배의 난제인 병해충이나 잡초 관리와 수확 작업의 어려움도 적다. 이론적으로 1년 내내 최적 환경에서 물고기와 식물을 동시에 키울 수 있다. 차세대 스마트팜의 핵심기술인 이유다. 다만, 키우는 물고기와 식물에 따라 조건이 달라져서 최적 조건을 찾아내는 것은 만만치 않다.

서울대 아쿠아포닉스 기술개발 노력

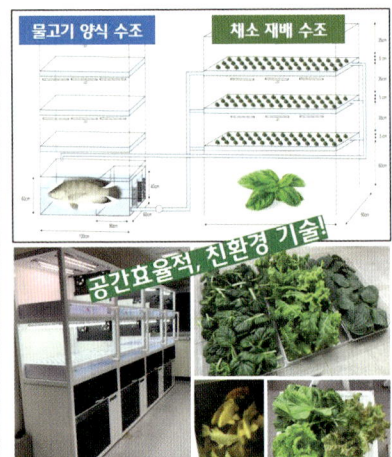

아쿠아포닉스의 현재와 미래

우리 연구실은 지난 10년 '메조코즘(Mesocosm)' 생태연구에 주력해 왔다. 메조코즘은 환경과 생태계를 현실에 가깝게 모사한 인공생태계를 일컫는다. 메조코즘 연구의 장점은 다양한 환경조건을 주고 바꿔 가며 생물(생태계)의 반응을 관찰하고 해석할 수 있다는 점이다. 최근 언론에 보도된 우리 연구실의 갯벌 오염정화 능력 규명 연구도 메조코즘 연구로부터 출발하였다. 해양생태 연구에서 현장 검증에 앞선 메조코즘 연구는 매우 중요하다.

2040s
3세대
- 아쿠아포닉스 기술 탑재 인공생태계
- 초대형 엔터테인먼트 먹거리 멀티플랫폼

생태친화도시, 차세대 융복합기술!

메조코즘 연구로 생물을 키우고 관찰하다보니 기술과 노하우가 생겼다. 그래서 우리는 '아쿠아포닉스'에 도전하게 되었다. 물고기를 키우는 배양 노하우를 발전시켜 채소를 키워보자는 것이었다. 지금까지의 결과는 성공적이었다. 우리는 지난 3~4년간 시행착오를 거쳐 비단잉어를 비롯한 민물고기 10여 종과 잎상추류와 허브류를 비롯한 60여 종의 식물 재배에 성공하였고 특허도 출원하였다. 즉, 물고기와 채소가 함께 잘 성장하는 최적 환경조건을 찾아낸 것이다. 아쿠아포닉스 식물 재배는 노지재배보다 더 빠르게 성장, 수확할 수 있는 큰 장점이 있다. 최근에는 딜, 바질, 사프란과 같은 고가의 허브류와 몸에 좋고 맛도 좋은 인삼 재배도 성공하였다. 앞으로 할 일이 더 많아졌다.

2023년부터 우리는 맛 좋기로 유명한 농어나 감성돔과 같은 바닷물고기를 담수 환경에 적응시키면서 채소도 키우는 기술을 개발해 오고 있다. 아쿠아포닉스 연구는 조건을 바꿔가며 원하는 물고기와 식

서울대-㈜지오시스템리서치의 아쿠아포닉스 공동연구

물을 조합해서 테스트할 수 있다는 점이 큰 매력인 것 같다. 최적의 성장 궁합을 갖는 물고기와 식물을 찾아내는 재미가 쏠쏠하고 그 조합은 무궁무진하니 말이다. 영업비밀이지만 물고기와 식물 성장이 극대화되는 중요한 조건 몇 개를 공개하자면, 수조 크기, 배양수의 부피, 생물의 밀도, 온도와 습도, 영양분 조성과 양, 그리고 빛의 세기 등이 있다.

아쿠아포닉스의 미래, 상상 그 이상

아쿠아포닉스 기술을 탑재한 인공생태계는 언젠가 도심 속 한 생태계로 구현되어 초대형 엔터테인먼트 기능을 할지도 모르겠다. 지역마다 특성 있는 랜드마크 건축물로 탄생할 수도 있다. 아쿠아포닉스 건축물은 보는 것 자체로 멋질 뿐만 아니라 미래 먹거리의 훌륭한 플랫폼이 될 것 같다. 국민 먹거리와 건강은 물론 글로벌 난제인 온실가스 감축까지, 상상 그 이상의 역할을 하리라 기대된다.

내가 원하는 물고기와 채소를 내 집에서 키우고 먹을 수 있는 개인 맞춤형 아쿠아포닉스 기술이 목전에 있다. 냉장고나 TV, 세탁기와 같은 필수 가전제품처럼 아쿠아포닉스 수조가 우리 집안 구석에 하나쯤 생긴다고 상상해 보자. 과학기술은 계속 발전하고, 우리는 과거에는 상상하지 못했던 일들을 마주하곤 한다. 미래에는 화장실만 한 크기의 아쿠아포닉스홈을 갖춘 아파트가 인기를 누릴지도 모르겠다. 내가 먹고 싶은 물고기와 원하는 색깔의 채소를 바꿔가면서 키우는 재미도 먹는 즐거움도 만끽해 보자. 농·수산업 분야의 차세대 친환경 핵심기술인 아쿠아포닉스가 국가 난제인 식량안보와 기후위기를 동시에 해결해 줄 수 있기를 기대해본다.

Chapter 3. 개발과 보전의 화두

③ 기후위기 해결사 K-갯벌

'기후위기'가 생각보다 더 심각해졌다. 2023년 IPCC가 승인한 6차 평가보고서는 기후온난화가 예상보다 빠르고, 그 추세 또한 가속화되고 있음을 경고하였다. 이대로라면 2040년이 되기 전에 지구의 기온이 산업화 이전 대비 1.5도 상승하게 된다고 예측하였다. 2014년의 5차 보고서에서 인용된 예측보다 무려 10년이나 빨라졌다는 해석이다. 6차 보고서의 예상 시나리오는 끔찍하다. 만약 지구 온도가 산업혁명 이전 대비 3도 상승한다면, 2100년 기근 사망자 300만 명, 해안침수 피해 인구 1억 7,000만 명, 그리고 지구상 생물종 50%가 멸절로 내다봤다.

지금의 '기후위기'는 온도 상승이란 단순한 변화로 설명되지 않는다. 폭염, 폭우, 홍수, 가뭄, 초대형 산불까지 경제적 피해는 물론 인간 생존까지 위협받고 있기 때문이다. 서식지 파괴와 생물다양성 훼손이란 자연 본연의 지지서비스가 무너지고 있음이다. 특히, 한반도는 가시적 열대화와 함께 연안 취약성이 매우 심각해졌다. 이제 강력한 탄소흡수원인 갯벌에 주목해야 한다. 연안의 완충지역으로 세계적 생물다양성을 보유한 K-갯벌이 탄소중립 실현을 위한 특급 구원투수로 등장했다.

기후재앙, 물러설 곳 없는 지구촌

이제 기후재앙은 지구촌 어디에도 예외가 없는 것 같다. 2021년 겨울왕국 캐나다는 기록적인 수은주 49.6도를 찍었다. 캐나다 서부 한 마을은 대형 산불로 마을 90%가 불에 탔다. 같은 해 북미대륙 서부에서 발생한 초대형 산불은 4개월간 지속됐고, 수많은 사람의 목숨과 재산을 빼앗아 갔다. 2022년에도 마찬가지였다. 2022년 늦봄부터 초여름까지 한 달 반 넘게 지속된 사상 최악의 산불을 기록한 캐나다를 비롯하여 호주, 시베리아, 아마존 열대우림 등 전 세계 곳곳이 초대형 산불로 잿더미가 되었다. 최근 몇 년 한반도 여름도 특히 더웠고 역대급 폭염은 일상이 되었다. 기후 기록이 시작된 이후 최근 몇 년간 해마다 역대급 폭염과 장마가 이어지고 있다.

기후재앙이 임계점을 넘기고 전 세계적으로 그 피해가 속출되면서 이제는 인류 존속까지 위협받고 있음이다. 이산화탄소를 줄이는 일만이 지금의 기후위기를 극복할 수 있는 유일한 대안이다. 기후변화 주범인 이산화탄소 등 온실가스 농도가 더 증가하지 않도록 순 배출량을 제로로 만드는 것, 즉 '넷-제로' 대열에 전 세계가 동참하고 있다. 2019년 유럽연합을 필두로 세계 각국이 2050년 완전 탄소중립을 선언한 것이다. 우리나라 정부도 2020년 10월 전 세계에 탄소중립 의지를 천명한 바 있다. 이제 2050 탄소중립 실현이 관건이다. 이론적으론 간단하다. 배출되는 이산화탄소량만큼 흡수하면 된다.

최근 주요국들은 온실가스감축목표(NDC) 조정을 통해 2050 탄소중립 중기목표로 2030 감축목표를 상향하였다. 2021년 미국은 2005년 대비 최대 52% 감축목표를 상향 제시하였고, 영국도 1990년 대비 78%로 목표를 올렸다. 아시아 국가의 노력도 엿보인다. 일본은 2013년 대

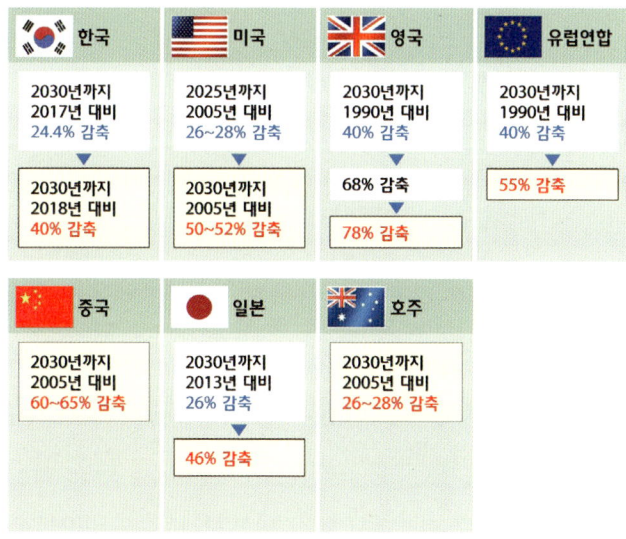

'탄소중립' 위한 주요국 기존신규 국가결정기여(NDC)
(자료_서울대 해양저서생태학연구실 재구성)

비 26%에서 46%로 대폭 상향 조정하였고, 중국도 2005년 대비 60% 이상 감축이라는 공격적 목표를 제시하였다. 한편 우리나라는 2018년도 대비 40%를 고수하고 있다. 타 선진국 대비 낮다는 점은 아쉬운 대목이다.

탄소중립 위한 마지막 기회, '블루카본'

전 지구적 기후위기 상황에서 우리나라도 타 주요 선진국처럼 공격적인 탄소중립 목표 제시가 필요하다. 2021년 말 해양수산부가 '탄소 네거티브'를 천명한 것은 고무적이다. 이에 따라 탄소흡수원도 주목을 받게 되었고, 2023년에는 '블루카본'이 온실가스 감축을 위한 국가 추진전략으로 채택되기도 했다. 블루카본은 바다가 흡수하는 탄소로 육상의 숲으로 대변되는 '그린카본'과 대비되는 말이다.

전 세계 이산화탄소 배출량을 연간 약 400억 톤으로 추산할 때, 그린카본은 약 110억 톤, 블루카본은 약 100억 톤을 흡수한다. 큰 차이는 없다. 산림에 저장되는 그린카본이 국토 면적의 60% 이상을 차지하는 반면 염습지, 잘피림 등 블루카본 서식지는 그린카본의 0.1%에 불과함을 고려하면 블루카본의 가성비는 훨씬 크다. 즉 블루카본의 가성비는 면적 대비 탄소저장(흡수+침적) 효율성이 매우 크기 때문이다. 최근 연구에 따르면 염습지는 해양퇴적물에 있는 모든 탄소 저장량의 50% 이상을, 잠재적으로 최대 70%까지 저장한다는 사실이 확인되었다. 블루카본의 탄소흡수 속도도 주목할 필요가 있다. 블루카본의 탄소흡수 속도는 그린카본 대비 최대 50배 빠르다. 블루카본은 연간 최대 2억 3,000만 톤의 탄소를 흡수하며, 육상과 비교해 영구 고정 능력이 10배, 단위 면적당 고정량은 2~4배에 이른다.

여기서, IPCC에서 탄소감축원으로 인정하고 있는 '블루카본'을 다시 상기할 필요가 있다. IPCC가 인정하는 블루카본은 맹그로브, 염습지, 잘피림 등 세 가지에 국한한다. 첫째, '맹그로브'는 연간 탄소흡수량이 침적량 기준 면적 1ha당 1.62톤으로 알려진 대표적인 블루카본이다. 아열대성 기후에서 바다의 고염 환경을 견디며 왕성하게 자라 울창한 숲을 이룬다. 특히 뿌리가 깊어 탄소를 퇴적물 깊숙이 반영구적으로 저장하는 훌륭한 장점이 있다. 우리나라도 아열대화가 더 진행되면 언젠가 맹그로브가 상륙할 수 있겠지만, 현재는 시기상조다.

두 번째 국제 공인 블루카본은 '염습지'다. 다행히 염습지는 2022년 정부의 '국가 온실가스 인벤토리 보고서'에 흡수원으로 이름을 올렸다. 염습지란 염생식물 식생이 발달한 상부 조간대 갯벌을 말한다. 그러나 우리나라 염습지는 일제 강점기 이후 간척과 매립으로 대부분 사라졌고, 현재 남아있는 면적이 전체 갯벌의 채 1~2% 수준에 불과하다. 따라서 탄소감축원으로서의 큰 역할을 기대하긴 어렵다.

끝으로 '잘피림'도 있으나, 국내 서식지 면적이 역시 협소하고 탄소 저장 기능이 얼마나 되는지 등 과학적 연구가 부족한 실정이다. 다만 2023년 인벤토리에는 포함됐으나 향후 확장 가능성은 낮다.

왜 갯벌 블루카본에 주목해야 하는가?

탄소감축량은 블루카본 서식지 '면적'과 '흡수계수'에 따라 결정된다. 따라서 흡수계수가 크더라도 서식지 면적이 적으면 별 도움이 안된다. 현재 IPCC에서 인정하는 블루카본으로 우리는 '염습지'와 '잘피림'이 있지만 그 면적이 협소하여 탄소감축량에 큰 도움이 안 되는 이유다. 반면, '비식생 갯벌'은 흡수계수가 맹그로브나 염습지에 비하면 절반 이하 수준이나 면적이 2,450km^{2}에 달해 염습지나 잘피림에 비해 백배정도 크므로 탄소감축량 측면에서 가성비가 매우 크게 된다. 비식생 갯벌이 중요한 이유다.

최근 우리 연구진은 비식생 갯벌이 가지는 탄소저장고로서의 가치, 즉 블루카본 기능이 매우 크다는 사실을 입증하는 논문을 발표하였다. 우리나라 전체 갯벌을 대상으로 탄소흡수 역할과 그 기능을 국가 수준에서 규명한 연구로 세계 최초의 결과다. 간략히 연구 내용을 소개하자면, 2017년부터 2020년까지 전국 연안의 21개 지역 갯벌(강화도, 영종도, 시흥, 대부도, 화성, 가로림만, 근흥만, 오천, 비인, 선유도, 곰소만, 함평만, 신안, 압해도, 강진만, 득량만, 순천만, 여자만, 진해만, 낙동강 하구, 울진)을 대상으로 탄소저장량을 조사하였다. 4년간 해당 지역의 300여 개 정점에서 채취한 해양퇴적물 내 총유기탄소량과 유기탄소 침적률을 분석한 것이다. 나아가 인공위성 원격탐사 기법을 적용, 전국 갯벌을 11,905개의 격자로 구분하고 퇴적상을 고려한 탄소흡수계수를 적용하여 전국 단위로 갯벌의 블루카본량

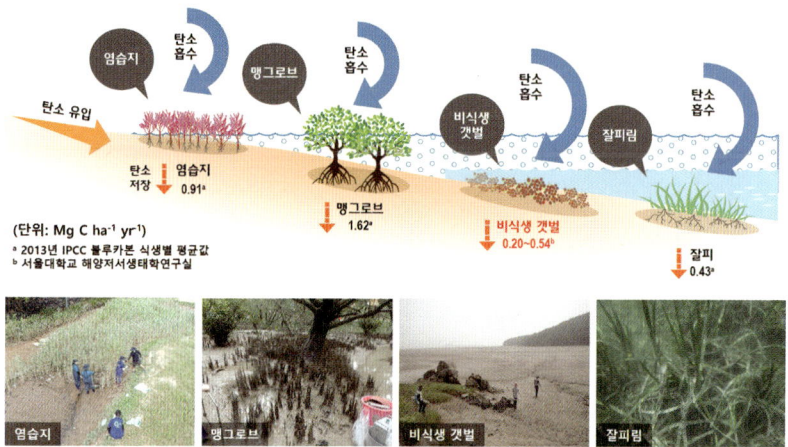

IPCC에서 발표한 블루카본의 식생별 평균값
(자료_서울대 해양저서생태학연구실)

을 산출했다.

결과는 고무적이었다. 우리나라 갯벌이 약 4,800만 톤의 이산화탄소를 저장하고 있으며 연간 26~48만 톤의 이산화탄소를 침적한다는 사실을 확인하였다. 이는 승용차 11~20만 대가 내뿜는 이산화탄소량에 해당하는 것으로 비식생 갯벌일지라도 탄소저장고로서 가치가 매우 크다는 사실을 입증한 것이다. 그러나 아직 갈 길이 멀다. IPCC 등 국제사회에서 비식생 갯벌을 탄소감축원으로 인정하고 있지 않기 때문이다. IPCC로부터 국제 인증을 받기 위해서는 선결해야 할 일이 몇 가지 있다. 우선 국내 블루카본 데이터베이스 구축이 필요하다. 이를 바탕으로 비식생 갯벌이 국가 온실가스 인벤토리에 먼저 등록되어야 한다. 또한 국가 차원에서 한국 갯벌의 관리와 지속적인 보호 노력을 국제사회에 입증해야 한다. 이러한 선행조건이 갖춰져야 한국 정부가 IPCC에 비식생 갯벌에 대한 블루카본 인증 심사를 요청할 수 있다.

비식생 갯벌 블루카본의 과학적 메커니즘을 잠깐 설명하고자 한다. 비식생이라고 하지만 사실 갯벌 표층에는 수많은 저서미세조류가 서식하고 있다. 저서미세조류는 퇴적물 표층 수~수십 mm에 서식하는 초미세(수십~수백 μm) 크기의 단세포 광합성 조류를 총칭한다. 갯벌에는 다양한 저서미세조류가 사는데, 대표적인 우점종은 바로 저서규조류다. K-갯벌의 경우 저서규조류의 생물다양성이(500종 이상) 매우 높고, 일차생산력 역시 세계적 수준으로 알려져 있다. 즉, 수많은 갯벌 저서규조류는 광합성을 통해 이산화탄소를 흡수하고, 사후 갯벌 퇴적물에 묻혀 퇴적되면서 탄소를 격리하는 것이다. 특히 서해 갯벌에 서식하는 저서규조류는 늦겨울부터 봄까지 폭발적인 생산이 이루어지므로 대기 중의 이산화탄소를 많이 흡수해준다. 또한 7,000년 이상의 역사를 가진 서해 갯벌 퇴적물에 차곡차곡 쌓여 저장됨으로써 탄소가 반연구적으로 저장된다는 장점이 있다. 우리로서는 결코 포기할 수 없는 훌륭한 탄소흡수원이자 탄소감축원으로서 국제적으로 인정받을 수 있는 블루카본의 대표주자인 셈이다.

뉴-블루카본 찾기 전 세계 과학계 열풍

전 세계가 블루카본 사이언스에 사활을 걸고 있다. 탄소중립의 주요 대안을 바다에서 찾겠다는 비전과 열망의 단편이다. 한 예로, 영국 연구진은 자국 연근해 대륙붕 내의 탄소 저장량이 약 2.1억 톤에 달하고, 연간 10만 6,000 톤의 탄소가 저장된다고 최근 보고하였다. 대륙붕 블루카본은 심해저 퇴적 현상이 안정적으로 이루어져 탄소저장 효율성과 잠재력이 크다고 평가된다.

조개나 굴처럼 탄산칼슘 '패각'을 갖는 해양저서생물도 새로운 블루카본 후보군으로 주목받고 있다. 이매패류의 탄소흡수 기작은 바닷물의 탄산염 체계와 관련이 있다. 대기 중 이산화탄소는 바닷물로 녹아들어 탄산을 거쳐 중탄산염과 탄산염으로 계속 변한다. 이후 조개나 굴이 탄산염을 칼슘이온과 결합하여 탄산칼슘(석회) 패각을 만드는데 이때 이산화탄소가 흡수, 고정되는 것이다. 물론 패각 형성시 그리고 생물 호흡으로 인해 이산화탄소가 방출되기도 한다. 그다음 단계로 조개 패각 내 축적된 탄산칼슘은 물과 이산화탄소와 다시 결합하여 중탄산염과 수산화 이온을 발생시킨다. 이를 알칼리화라고 하는데, 이 과정에서 이산화탄소는 다시 한번 흡수된다. 이상, 이매패류는 탄소흡수와 배출의 두 요인이 공존하지만, 패각, 생체량, 퇴적물 침적으로 제거되는 탄소가 70%(-), 석회화, 호흡, 분해로 방출되는 탄소는 30%(+) 정도로 흡수량이 배출량보다 커서 새로운 블루카본으로 인정될 수 있다. 최근 네덜란드 해양연구소는 각종 이매패류에 대한 블루카본량을 계산, 평가하여 블루카본의 가능성을 입증하였다. 한 해 수십만 톤의 굴 패각이 발생하고, 발생량 대부분 연안 공터에 야적, 방치되고 있는 우리나라의 현실이 안타깝다.

또 미역, 파래와 같은 '해조류', 심지어 '식물성 미세플랑크톤'까지 매우 다양한 해양생물과 그 서식처가 모두 '뉴-블루카본' 후보군으로 논의되고 있다. 이제 우리도 좀 더 적극적으로 블루카본 찾기에 나설 때다. 주요 선진국에서 먼저 제시하면 뒤따라가는 것이 아니라, 우리가 먼저 새로운 블루카본을 찾고, 제안하고, 또 인정받게 국제사회를 선도하는 리더십을 보여주었으면 한다.

과학-정책-언론의 '삼중주' 필요해

블루카본 후보군이 국제사회에서 인정되려면 무엇보다 국가 단위에서의 블루카본 데이터베이스를 확보하고 그 자원을 관리하는 추가적인 노력이 수반되어야 한다. 블루카본 서식지에 대한 기초 생태계 조사는 물론 주변 해양환경 특성까지 체계적인 정밀 조사가 필요한 이유다. 이러한 연구를 통해 대상 블루카본 후보군의 탄소흡수와 탄소침적 메커니즘이 규명돼야 한다. 현재 가장 유력한 후보군으로 논의 중인 연안 퇴적물의 경우 미국, 호주에 이어 우리나라가 전 세계에서 세 번째로 국가 단위로 탄소저장량을 산출하였다. 비식생 갯벌만 놓고 보면 세계 최초의 연구 결과다. 세계적으로 관심이 커진 블루카본 사이언스의 한 축을 우리나라 과학계가 리드하고 있다고 해도 과언이 아니다.

지금까지 해양환경 분야에서의 과학, 정책, 홍보(언론)는 각자의 길을 걸어왔다. 각 부문에서의 노력과 성취는 분명히 있었다고 본다. 그러나 소통과 연계가 부족했던 것 같다. 해양과학자는 바다 탐구에

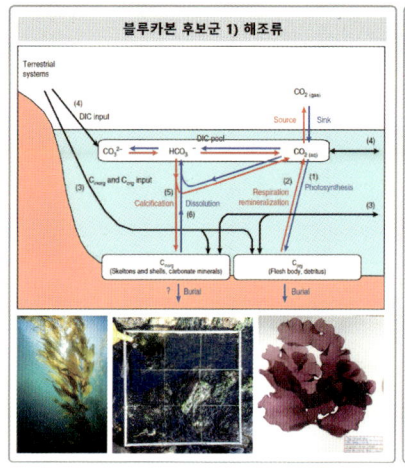 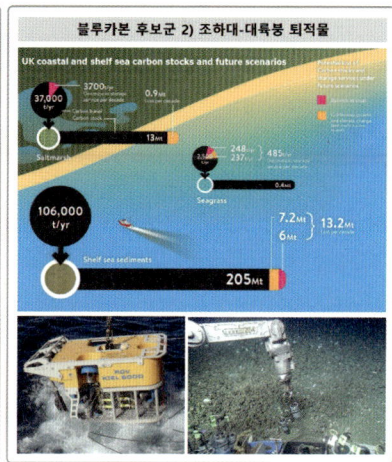

블루카본 후보군
(자료_ 서울대 해양저서생태학연구실 재구성)

만 집중했고, 우리 바다가 무엇이 문제인지 어떻게 해결할지에 관해서는 관심이 적었다. 과학자가 정책수립자에게 과학적 사실에 기반한 문제 해결책을 애써 제시하거나 설명하지 않았음도 반성해야 한다. 정책수립자도 바다의 이해보다는 과학연구의 우수성과에만 관심이 컸다. 우수한 과학연구 결과를 사이언스나 네이처지에 싣는 것만이 중요한 것이 아니다. 실적 위주의 평가체계를 고집하는 공공기관의 평가체계도 개선돼야 한다. 과학자도 이제 정책 테이블에 나가서 우리 바다의 어디가, 얼마나, 왜 아픈지, 무엇이 문제이고 어떻게 해결할 수 있을지에 대해 명확한 의견을 제시하는 것이 좋겠다. 특히, 작금의 기후위기와 탄소중립 문제를 해결하려면 그 어느 때보다 과학자와 정책수립자의 소통과 협력이 시급하다.

　끝으로, '과학'이 앞서나가더라도, '정책'이 훌륭하더라도, 국민에게 다가서지 않는다면 큰 의미는 없을 것 같다. '언론'의 관심과 중요성을 강조하는 것이다. 미래세대, 우리 청소년과 어린이에게 기후변화가 얼마나 심각한지, 블루카본이 무엇인지, 탄소중립은 왜 해야 하고 우리는 무엇을 할 수 있는지 등을 잘 설명해줘야 한다. 그동안 상대적으로 관심이 적었던 우리의 훌륭한 세계자연유산인 한국의 갯벌이 블루카본으로서의 가치와 잠재력이 매우 크다는 사실을 더 많이 알려야 한다. 이제 과학, 정책, 언론의 삼중주가 전 세계에 울려 퍼지기를 기대해본다.

Chapter 3. 개발과 보전의 화두

K-리빙
쇼어라인

    2021년은 특별한 해로 기억된다. 기후위기에 코로나까지 산 넘어 산이었다. 한편 해양人에게는 매우 뜻깊은 한해였다. 우리나라 바다만의 특별한 가치가 전 세계인의 가슴에 깊이 새겨진 원년으로 기억되기 때문이다. K-갯벌은 14년의 우여곡절 끝에 '세계자연유산'에 당당히 이름을 올렸다. K-갯벌의 가치가 연 18조 원에 이른다는 낭보도 지친 국민에게 가슴이 탁 트이는 시원한 소화제였을 것이다.

    K-갯벌의 경제적 가치의 주역은 '조절서비스'로 밝혀졌다. 그동안 추측만 무성했던 정량적 가치가 5년간의 연구로 실체가 드러났다. 결과는 놀라웠다. 2013년 해양수산부가 발표한 조절서비스 2조원을 8배 훌쩍 상회하는 16조원 이상의 경제적 가치가 산출되었기 때문이다. 오염정화(14조원), 재해저감(2조원), 탄소흡수(120억원) 측면에서 K-갯

벌이 주는 연간 해양생태계서비스 가치는 기대 이상이었다. 갯벌은 오염물질을 깨끗하게 걸러주고, 연안침식과 같은 자연재해도 줄여주며, 국가 탄소중립 달성에 꼭 필요한 해양의 훌륭한 탄소흡수원 역할까지 도맡아 왔음에 감사할 따름이다.

'리빙-쇼어라인'이란

과거 우리는 연안과 갯벌의 이토록 큰 가치와 역할에 무지했다. 우리는 연안개발이란 명분으로 해안선을 따라 콘크리트와 같은 '회색구조물'로 된 인공제방을 수없이 만들었고, 33.9km라는 세계 최장의 '새만금방조제'를 가진 나라임을 자랑했다. 우리나라뿐만 아니라 전 세계가 개발에 미쳤고, 미국도 예외는 아니었다. 그러나 인공제방은 홍수, 슈퍼태풍, 쓰나미, 허리케인과 같은 대자연의 힘 앞에는 속수무책이었다. 가장 파괴적인 자연재해인 허리케인은 초강대국 미국도 피하는 방법 외에는 다른 대책이 없게 만들었으니 말이다.

허리케인은 거의 해마다 미국 남동부를 강타했고, 미국 최대 하구 중 하나인 체사피크만도 허리케인과 이에 따른 연안 침식 문제로 몸살을 앓았다. 1970년대 초 이른바 '리빙-쇼어라인'이란 개념이 대두된 배경이다. 리빙-쇼어라인은 인공제방과 같은 일명 '회색구조물'은 철거하고, 해안가에 식생이나 굴밭과 같은 자연서식지를 대폭 늘림으로써 허리케인에 대비하고 연안 침식을 막아보자는 취지에서 탄생한 것이다. 이후 플로리다주 등에서 기후변화로 인한 해수면 상승에 대응하고, 연안 생태계 건강성을 회복하자는 추가적 목적에 맞게 더욱 활발해졌다. 2000년대부터는 NOAA(미국 해양대기청)가 주도하면서 다양한 목적과 방법으로 미국 전역에서 시행하는 국가사업이 되었다. 작금의 기후위기 시대에 가장 적합한 선제적 대응사업으로 자리매김한 셈이다.

리빙-쇼어라인, 왜 중요한가

그렇다면 왜 리빙-쇼어라인 사업이 연안 침식을 줄여주는 것일까? 이 사업의 핵심은 바로 자연의 기능을 이용한 '생태공법'에 있다. 염생식물의 식재, 모래 또는 바위와 같은 자연재료를 이용한 방파제 조성, 굴밭과 같은 생물체와 그 서식지를 활용한 파력 감쇄가 연안 침식을 줄여주기 때문이다. 즉 자연제방의 역할과 강점을 살렸다는 점이 중요하다. 나아가, 자연서식지의 확장은 해양생물의 가입, 정착, 성장에 더욱 유리하므로 해양생태계 구조와 기능이 향상되고 해양생태계 건강성이 전반적으로 증진된다.

최근 발표된 NOAA 연구보고서에 따르면 리빙-쇼어라인 사업의 효과는 연안습지 재해저감 비용 연간 25조 원 절감, $1km^2$ 당 생태계서비스 가치 100억 원 상승, 투자 대비 효용인 사업 편익은 7배 증가 등으로 나타났다. 최근 연안과 갯벌의 블루카본 탄소흡수 기능이 새롭게 주목받으면서 이제 리빙-쇼어라인은 기후위기 시대에 가장 적합한, 그리고 경제적인 해양생태계 복원사업의 롤모델이 되었다.

더 늦기 전에 우리도 시작해야

최근 전 세계에서 리빙-쇼어라인 사업이 유행처럼 번지고 있다. 미국뿐만 아니라 호주, 영국, 이스라엘 등 선진국에서는 친환경 생태블록을 기존 설치된 인공구조물(방조제, 격벽 등)에 부착하거나 연안에 추가로 배치하여 연안 침식을 줄이고, 해양생물다양성도 증진하는 사업이 한창이다.

2018년 세계적 자동차 기업인 볼보(Volvo)는 시드니 해양과학연구소가 주도하는 'Living Seawalls'란 프로젝트에 동참하였다. 호주 볼보가 친환경 거대 에코타일 시제품 50개를 시드니 항구 방파제에 부착한 것이다. 이 에코타일은 재활용 플라스틱을 재료로 3D 프린팅 기술을 사용하여 제작되는데, 호주에 잘 발달한 맹그로브 나무뿌리, 산호초, 해안암반의 형상을 모방해서 만들었다고 한다. 얽히고설킨 복잡한 형상은 해양생물의 부착성을 높여 생물다양성을 증진시켰고, 다공성 세밀 구조도 추가해서 오염물질까지 잘 흡착해 주는 기능까지 배가했다고 한다.

이스라엘은 일찍이 2012년부터 에코콘크리트와 패류를 활용해서 연안 침식을 방지하고 홍수를 조절하는 사업을 시작하였다. 특히 이스라엘의 ECOncrete라는 환경엔지니어링 업체는 지난 10년간 미국, 네델란드, 모나코, 스페인의 연안과 항구 등지에 에코콘크리트 블록을 적용한 대규모 해양생태복원 사업에 앞장서 왔다.

홍콩도 최근 발 빠르게 리빙-쇼어라인을 받아들였다. 2019년 홍

국외 리빙쇼어라인 시공사례

Chapter 3. 개발과 보전의 화두

콩 동청에서 시작된 에코-쇼어라인 시범사업인데, 총 1,000억원을 들여 전장 3.8km 해안을 에코-쇼어라인으로 정비하는 사업이다. 에코블럭, 굴패각, 암초, 조수웅덩이 등 다양한 자연구조물을 자연스러운 조간대 지형처럼 배치하고, 상부에는 염생식물도 심는 등 리빙-쇼어라인 생태공법을 복합적으로 적용하였다는 점이 눈여겨볼 만하다. 동청 해안지역의 해안서식지 질과 해양생물다양성을 증진시키고, 주민과 관광객을 위한 해안 경관까지 개선한다는 당찬 포부를 가지고 시작된 홍콩형 리빙-쇼어라인 사업이다.

아이러니하게도 홍콩 정부는 이 사업을 미래 매립사업의 모델로 삼겠다고 하니 복원사업인지 개발사업인지 아리송하다. 여하간 현재의 인공제방을 연성화하고 자연제방을 만들어 친수공간을 확보한다는 점에서 리빙-쇼어라인 개념이 적용된 것은 맞다. 이 사업에 주도적으로 참여하고 있는 홍콩시티대학의 케니 렁 교수가 2018년 서울에서 개최된 국제황해생태계학회에서 거창한 계획을 설명하던 기억이 새롭다. 최근 그 성공적 결과를 홍콩 언론을 통해 알게 됐음에 새삼스럽기도 하고, 더 일찍 우리나라에서도 추진됐으면 좋았을 거란 아쉬움도 크다. 리빙-쇼어라인, 우리말로 '숨 쉬는 해안뉴딜' 사업이 기후변화 대응과 탄소중립을 위해서라도 더 늦기 전에 시작됐으면 한다.

경제성과 기대 이상의 파급효과

리빙-쇼어라인 사업은 가성비 측면에서도 압도적이다. 비용이 적게 드는 이유는 조성 공법에 있는데, 바로 자연 재료를 이용하기 때문이다. 인공구조물은 설치, 유지(관리)비용이 매우 비싸다. 리빙-쇼어라인 설치비용은 1m당 약 3,000-5,000달러 정도 된다. 유지(관리)비용은 설치비용의 10분의 1 수준이라고 하니, 대략 1km 리빙-쇼어라인 조성에 우리 돈 30-50억 원 정도가 소요되는 셈이다. 1km 방파제 건설에 수천억 원이라는 천문학적 비용이 소요됨을 생각하면 리빙-쇼어라인의 경제성을 굳이 따질 필요는 없어 보인다.

최근 NOAA는 지난 20년간의 사업 결과를 통해 1km 해안선 조성이 연간 110t의 탄소를 추가 저장하고, 정화기능과 홍수조절 능력까지 배가시킨다는 사실을 새롭게 제시하였다. 또한, 4.5m 미만 폭의 식생지나 굴밭 조성은 파력 에너지를 50% 이상 더 흡수하고, 인공구조물보다 태풍이나 파도에 대한 저항능력을 배가시킨다는 점도 밝혀졌다.

연안 침식 방지를 목적으로 미국에서 시작된 리빙-쇼어라인 사업이었다. 그러나 지난 50년간 미국을 비롯한 많은 국가에서 진행되면서 사업의 목적과 취지는 조금씩 달라졌다. 중요한 것은 리빙-쇼어라인 사업의 개념, 중요성, 가치, 효과성, 그리고 경제성까지 모두 입증되었다는 사실이다. 리빙-쇼어라인의 필요성에 더 보탤 말은 없을 것 같다.

특별한 점은, 리빙-쇼어라인은 연안생태계가 제공하는 다양한 해양생태계서비스를 고르게 그리고 꾸준히 증가시킨다는 점이다. 다양한 해양생물의 서식처가 되고, 생물작용이 활발하면 생태계 정화능력도 그만큼 향상되기 마련이다. 또 태풍이나 홍수로 범람하는 물의 흐름을 조절해주는 완충 기능도 증대하고, 앞서 강조한 블루카본의 가성비를 고려할 때 그리고 무엇보다 작금의 글로벌 이슈인 탄소중립이 글로벌 화두란 측면에서 지금 우리에게 시급하고 절실한 사업이란 생각이다.

"숨 쉬는 해안뉴딜", 한국형 K-리빙-쇼어라인

2015년 NOAA에서 발간된 리빙-쇼어라인 가이드북에는 10개의 생태공법이 소개되어 있다. 기술유형은 사업대상지의 파고, 조차, 조류, 경사, 퇴적상, 지형지리 등 다양한 해양환경 특성에 따라 차별적으로 적용할 수 있다고 한다. 시공의 유형별 장점과 주요 시공방법까지 상세히 안내하고 있어 매우 유익한 자료이다. 우리는 우리나라의 해양환경과 생태계 특성에 맞는 K-리빙-쇼어라인을 만들어내는 것이 중요할 것이다.

나는 2021년 운 좋게 코로나를 뚫고 미국에 다녀왔다. 미국의 리빙-쇼어라인을 직접 눈으로 보고 느끼기 위해 미국 뉴저지 케이프메이에서 개최된 '미국 리빙-쇼어라인 워크샵'에 참석하고 K-리빙-쇼어라인 기획연구 결과를 발표하였다. 미국 전역에서 활발히 진행 중인 리빙-쇼어라인 프로젝트를 한눈에 볼 좋은 기회였다.

다행일까? 공교롭게도 200여명이 참석한 이 워크샵에 참가한 외국인 과학자는 우리 연구실 일행이 유일하였다. 우리는 주최 측의 눈에 띄었고, 행사를 주최한 미국 하구복원학회의 다니엘 하이든 학회장과

미국 리빙-쇼어라인 워크샵(2021)

단독 토론회를 가질 수 있었다. 나는 "대한민국도 미국의 리빙-쇼어라인에 관심이 많고, 우리는 특별히 리빙-쇼어라인의 생태공법을 복합적으로 적용하여 기후위기와 탄소중립 시대에 선제적으로 대응할 수 있는 해안뉴딜 측면을 중요하게 생각하고 있다"라고 설명하였다. 하이든 대표도 우리의 관점과 시도가 의미가 있다고 동조하면서 향후 적극적인 교류와 협력을 약속하였다.

이어 따라나선 케이프메이 해변 리빙-쇼어라인 복원지에서 우리는 새롭게 조성된 모래뻘과 굴밭을 눈으로 확인하였고, 양빈(모래 붓기)과 식생(조림)의 중요성에 대한 설명도 들었다. 실제로 새롭게 조성된 미국 리빙-쇼어라인 해변을 거닐며 우리는 곧 시작될 'K-숨 쉬는 해안뉴딜' 사업에 대한 희망과 청사진도 그려보는 의미 있는 시간을 보내고 무사히 귀국했다. 잠깐이었지만 2년 만의 해외 나들이가 꽤 알찼고, 과거 너무나 당연히 지내던 '마스크프리' 일상에 대한 고마움으로 고개가 절로 숙어진 매우 귀한 시간이었다.

숨 쉬는 해안뉴딜의 방향과 바람

그렇다면, 우리만의 'K-숨 쉬는 해안뉴딜'은 어떤 방향으로 진행해야 할까? 나는 우리나라 바다와 갯벌이 가진 독보적인 생태적 우수성과 특장점을 잘 살리고 더 키울 수 있는 방향이 좋다고 생각한다. 앞서 언급했듯, 우리는 삼면에 서로 다른 빛깔을 가진 사색 그 이상의 무지개 바다를 가지고 있다. 이는 해양환경 특성이 매우 다르다는 뜻이다. 즉, 각 바다가 갖는 환경과 생태계 특성에 맞는 리빙-쇼어라인 생태공법이 차별적이면서도 복합적으로 적용되어야 한다는 것이다.

그리고, 'K-해양생물다양성'으로 대변되는 세계 최고 수준의 다양성을 자랑하는 서해, 남해, 동해, 그리고 제주 바다의 서식생물상을 유지하면서도 고유종을 잘 지킬 수 있는 식생과 굴밭, 에코공법이 순차적이면서도 복합적으로 적용되는 것이 중요하다. 가령, 생물의 종수나 개체수를 중시하는 알파다양성보다 종조성과 유연관계를 결정하는 군집에 초점을 둔 베타다양성을 증진시키는 방향이 필요하다. 물론 두 가지 다양성을 모두 증진시키는 것이 가장 바람직할 것이다.

끝으로, 빼놓을 수 없는 핵심은 바로 우리 갯벌이 가진 블루카본으로서의 가치, 즉 탄소흡수력을 증진시키는 방향의 에코-쇼어라인을 만들어야 한다. 갯벌 블루카본 연구의 선두그룹에 있는 우리다. 갯벌 블루카본의 국제 인증은 물론이고, 이매패류나 해조류와 같은 다양한 신규 블루카본 후보군을 실제 우리나라 해안에 적용하는 친환경 생태공법을 발굴하고 개발하여 상용화하는 것이 중요하겠다.

미국의 리빙-쇼어라인이 연안 침식 방지를 최우선 목적으로 시작되었다면, K-숨 쉬는 해안뉴딜은 '탄소흡수형 해안조성'이라는 새롭고 담대한 도전일 것이다. 앞으로 10년 후, 새롭게 펼쳐질 대한민국의 숨 쉬는 해안, 그 해안에서 조개를 줍고, 파도를 타며, 해수욕과 낚시를 즐기는 행복한 가족의 모습을 상상해 본다.

Chapter 3. 개발과 보전의 화두

해양쓰레기 이슈와 해법

    땅에서 바다를 바라보면 바다와 하늘의 경계가 한눈에 들어온다. 물론 멋지다. 반대로 먼바다에서 육지를 바라보면 하늘과 바다 사이로 산과 들, 그리고 강까지 육지와 바다가 한데 어우러진 절경이 펼쳐진다.

    그런데 그 경이로운 순간 눈살을 찌푸리게 하는 것이 있다. 바로 해안가에 널려 있는 쓰레기다. 스티로폼 부이, 폐어구, 각종 일회용 플라스틱 용기, 그리고 폐타이어까지 만물상이 따로 없다. 해양쓰레기 문제는 작금의 글로벌 최대 화두로 알려진 이중위기(Twin Crisis), 즉 기후변화와 생물다양성 붕괴만큼 심각해졌다.

해양쓰레기에 대한 전 세계 과학계의 엄중한 경고

    나는 2020년 봄 부경대 김수암 명예교수님 제안으로 '한국과학기술한림원'이 발의한 '해양환경보호 성명서' 작성의 집필진으로 참여하게 되었다. 한국해양과학기술원 이윤호 박사님, 심원준 박사님, 그리고 국립수산과학원 강수경 박사님까지 총 5명이 의기투합했다. 그러나 집필 과정은 예상처럼 쉽지는 않았다. 6개월에 걸친 작업 끝에 영문성명서 초안을 완성했으나, 검토와 집필진을 확대하면서 국문성명서 추가 작성까지 또다시 6개월이 걸렸다.

마침내 2021년 6월 영문성명서는 세계 최대 과학기술 민간부문 국제기구인 '국제한림원연합회(IAP)'의 공식 성명서로 발표되었다. 한국이 제안하고 한국인이 직접 작성한 IAP 최초의 성명서로 의미가 컸고, 미국, 영국, 독일 등 75개 해외한림원도 참여기관으로 서명한 만큼 국내외적으로 파급효과도 컸다.

해양환경보호 성명서에는 바다의 온전성을 되찾기 위한 다섯 과제가 담겼다. ①해양 건강성 악화, ②서식지 파괴, ③환경오염물질(중금속, 플라스틱 폐기물 등), ④기후변화, 그리고 ⑤남획 등이다. 플라스틱 문제도 이슈화되어 다섯 과제 중 환경오염물질에 포함되었다. 우리는 해당 과제별로 현황과 문제점, 그리고 대응책 등 권고사항을 담았다. 그리고 IAP 이름으로 각국 정부, 시민단체, 그리고 IAP 회원 아카데미에 7가지 제안을 표명하였다.

한편, 2017년 한국, 중국, 일본, 러시아를 회원국으로 하는 북서태평양보전실천계획(NOWPAP)에서도 5대 생태 이슈를 선정한 바 있고, 그중 하나가 해양쓰레기였다. 해양쓰레기는 이제 글로벌 화두로 각인

국제한림원협회 해양환경보호 성명서 공표 심포지엄(2021)

됐고, 절대 방치할 수 없는 온 인류가 함께 풀어 가야 할 전 세계인의 숙제가 되었다.

해양쓰레기의 발생원인, 발생량, 그리고 종류

해양쓰레기 대부분은 육상으로부터 온다. 주로 연안 인접 지역과

도서에서 버려진 육상쓰레기가 바다로 유입된 것이다. 어업, 낚시, 항해 등 해상활동 중에 버려진 각종 물품과 폐어구도 꽤 차지한다. 해양쓰레기 중 가장 많은 것은 단연 '플라스틱' 제품이다. 해양수산부에 따르면 우리나라의 경우 플라스틱이 전체 해양쓰레기의 약 60%를 차지한다고 한다.

최근 통계에 따르면 전 세계에 떠다니는 플라스틱의 양은 1억 5,000만 톤에 이른다고 한다. 최근 몇 년간의 추이로 볼 때 앞으로도 플라스틱은 매년 천만 톤 이상 추가될 것이라 한다. 해양수산부 발표에 따르면 2014년 이후 누적 해양쓰레기 수거량은 약 68만 톤에 이른다. 이 삿짐 5톤 트럭으로 13만 대 분량에 해당하는 어마어마한 양이다. 한편, 해양쓰레기는 바다에 떠다니는 '부유' 쓰레기, 바다에 가라앉은 '침적' 쓰레기, 그리고 밀물과 썰물로 조간대에 쌓여서 갇혀있는 '해안' 쓰레기 등 크게 세 가지로 구분할 수 있는데, '해안' 쓰레기양이 60% 이상으로 가장 많다고 한다.

문득 의아한 점이 있다. 우리는 평소 일상에서 쓰레기 분리수거를 정말 열심히 하고 있다. 그런데 바다에는 쓰레기가 넘쳐난다. 왜 그럴까? 실상 가정에서 분리된 쓰레기는 수거, 처리 등 여러 후처리 과정을 거치면서 다시 섞이거나 유실되는 경우가 많다고 한다. 또한 종류가 다양하고 재활용 처리 공정이 복잡해서 회수 후 재활용되는 플라스틱은 채 30% 정도에 불과하다고 한다. 즉, 70% 이상의 플라스틱 쓰레기는 폐기되어 매립되거나 수거되지 못한 채 바다로 끊임없이 유입

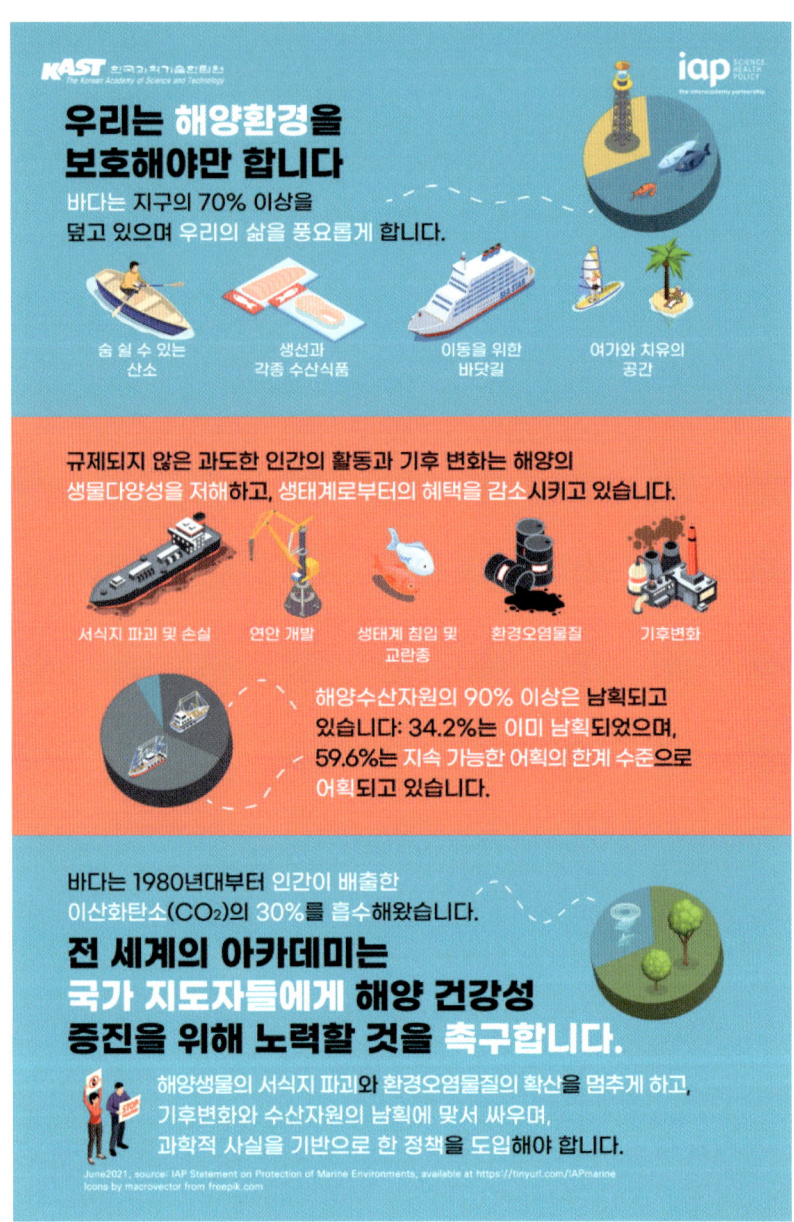

되고 있는 것이다.

해양쓰레기의 피해와 심각성

해양쓰레기의 1차 피해는 고스란히 해양생물의 몫이다. 폐어망이나 낚싯줄에 감겨 죽은 바다거북과 물개, 코에 박힌 빨대로 숨을 못 쉬어 죽은 바다거북 등 그 피해는 헤아릴 수 없이 많다. 또한 해양으로 유입되는 플라스틱은 물리적, 화학적 분해 과정을 거쳐 작은 조각의 미세플라스틱으로 전환된다. 미세플라스틱은 보통 5mm 미만의 플라스틱 조각을 말한다. 수많은 해양생물은 이 작은 미세플라스틱 조각을 먹이로 오인하여 섭취하고 축적한다. 크건 작건 플라스틱을 섭취한 해양생물은 결국 죽음을 맞이할 수밖에 없다.

농축된 플라스틱은 각종 독성을 유발하여 해양생물에게 2차 피해를 주기도 한다. 미세플라스틱에 흡착된 화학물질과 병원균도 해양생물에게 피해를 준다는 보고가 있다. 생물농축과 생물확대(먹이사슬을 통한 상위 영양단계로의 물질 축적)가 계속되면 결국 수산물 섭취를 통해 인간에게도 다량의 미세플라스틱이 노출되게 된다. 우리는 지금 매일 쓰레기를 먹고 있는 셈이다.

2019년 보고된 세계자연기금의 충격적 연구 결과는 해양쓰레기 심각성에 경종을 울렸다. 1인당 섭취하는 미세플라스틱의 양이 무려 2,000개에 이르고 이는 무게로 환산 시 약 5g 정도로 신용카드 한 장에 해당한다. 지금처럼 쓰레기가 버려지고 회수량이 급격히 많아지지

않는 한 우리 자식들은 1년에 신용카드 2,500장을 섭취하게 된다고 한다. 결코 간과할 수 없는 수치다. 일반적으로 플라스틱의 잔류기간은 짧게는 수년 길게는 수백 년이 걸리므로 그 피해도 지속될 수밖에 없다. 애초에 생산량과 배출량을 줄이거나 회수량을 늘리지 않는 한 해양쓰레기를 해결할 뾰족한 수는 없는 셈이다.

바다 한 가운데 쓰레기 섬을 아시나요?

버려진 해양쓰레기가 수거되지 않는다면 생분해되기까지 수백 년 이상 매우 오랜 시간이 걸린다. 특히 '부유' 쓰레기는 해류를 타고 근해를 벗어나 대양으로 이동하면서 전 세계를 돌아다니게 된다. 이렇게 떠다니는 부유쓰레기의 종착역은 바로 환류 지역이다. '환류'란 전 지구적 큰바람인 무역풍과 편서풍에 의해 생기는 원형 형태의 해류 순환을 말한다.

전 세계적으로 볼 때 큰 환류 지역은 5개 정도가 있다. 북반구에 북태평양 환류와 북대서양 환류가 있고 남반구에는 인도양, 남태평양, 남대서양에 존재한다. 그런데 환류 지역의 양 끝단은 해류의 방향이 바뀌면서 속도가 늦어져서 물의 흐름이 거의 없어지는 구간이 있다. 바로 이 브레이크 구간에 쓰레기가 모이고 점차 많아져서 섬과 같이 보여 이를 쓰레기 섬이라고 부르게 되었다. 가장 큰 쓰레기 섬은 북태평양에 있는데 현재 한반도 8배 크기로 알려져 있다. 이 거대한 쓰레기 섬은 우리가 살아가는 한 커지면 커졌지 작아지거나 없어지지는 않을 것 같다.

에코 예능 '천사도' 출연과 촬영 뒷이야기

2022년 8월 초 '천사도'란 환경 예능 프로그램을 계획 중인 작가로부터 문의가 왔다. 해양쓰레기와 연안 환경을 주제로 연예인과 아티스트가 함께 섬에서 개최하는 작은 전시회에 참여해달라는 것이었다. 그간 과학적 연구성과를 알리고 이를 일반 국민에게 쉽게 소개하는 기고나 연재는 열심히 해왔지만, 예능 방송 출연은 전혀 생각지 못한 터였다. 출연자와 시청자들이 '중요하지만 막연하게만' 느끼는 바다의 오염과 해양쓰레기 문제의 현실을 눈으로 확인하면서 실질적인 이야기를 나누고 경각심을 일깨우자는 작가의 제안을 거절할 수 없어 용

기를 냈다.

촬영을 결정한 후에는 작가들과 미팅하면서 바다의 가치와 해양쓰레기 문제 등을 심도 있게 토의하였다. 이를 바탕으로 얼마 후 대본을 받고 깜짝 놀랐다. 대본에는 이름만 들어도 알만한 박진희, 홍석천, 김기혁, 모나 등 연예인의 이름이 내 이름과 함께 출연자로 적혀있었다. 14쪽에 이르는 대본에는 내가 참여할 장면과 출연자의 대본이 적혀있었는데, 나의 대사 부분은 평소 대중강연에서 말하던 내용이라 할만하다고 생각하였다. 그렇게 기대 반 우려 반으로 나는 9월 어느 날 1박 2일 일정으로 신안으로 향했다.

신안 임자도에서의 하루는 빡빡했다. 정오 무렵 시작한 촬영은 밤 늦게까지 계속되었다. 먼저 하우리 항에서 배를 타고 신안 임자도 앞바

다를 돌아보며 바다의 가치와 해양쓰레기 문제의 심각성에 관해 이야기하는 장면을 촬영하였다. 출연자들과 퀴즈를 풀어 답을 찾고 그 답을 해석하면서 출연진 모두 서로 친밀해지는 시간이었다.

이후 에코 지니 박진희 배우와 함께 전시장을 찾아 작품을 만들고 있는 여러 작가와 만나 해양쓰레기를 이용해서 만든 작품에 관해 설명을 듣고 이야기를 나누는 특별한 시간을 가졌다. 전시장 바깥에는 폐어구로 대형 고래 조형을 만든 조선대학교 박아론 교수와 현대조형미디어전공 학생들과 이야기를 나누었다. 전시회장에 들어서면서 유명 작가들과의 만남이 이어졌다. 직접 카약을 타고 해양쓰레기를 수거하고 그 쓰레기를 뚫고 잉태한 생명을 필름에 담은 사진작가 김정대, 아이의 시선으로 해양생태계 오염을 디지털 만화로 표현한 일러스트레이터 김기범, 폐어구와 부이 등으로 해양환경 회복 염원을 표출한 정크 아티스트 양쿠라, 마지막으로 해안가에서 수거한 플라스틱병으로 대형 낙타 조형물을 창작한 회화작가 윤송아까지 특별한 만남이었다. 해양쓰레기를 이용해 재탄생한 놀랍고 멋진 작품들을 충분히 실컷 감상하였고, 모두 진심으로 바다를 걱정하고 염려하는 마음도 느낄 수 있는 감동적인 순간이었다.

저녁에는 신안 임자도 인근에서 구한 꽃게와 새우로 홍석천 셰프가 만든 태국식 푸팟퐁커리를 맛보는 훈훈한 '먹방' 시간도 가졌다. 갓 잡아 온 해산물로 만든 요리라 맛은 더할 나위 없이 훌륭했다. 해양쓰레기 문제가 나날이 심각해지면 이러한 해산물도 먹지 못하게 될 수도 있다는 공감 시간이었다. 이어 마지막 장면인 전야제가 진행되었고, 연예인과 작가가 모두 함께 작품 제작 영상을 감상하고 친환경 밸런스 게임까지 마쳤다. 길고도 짧은 하루였고 정말 새로운 경험이었다. 환경과 예능을 넘나들며 모두 한마음으로 바다를 이야기하는 바다의 고

마음을 공감하는 값진 시간이었다.

우리 바다를 지켜야 하는 이유, 그리고 나부터 해야 할 일

해양쓰레기를 어떻게 줄일 수 있을까? 학자로서 명쾌한 답을 하기가 참 어려운 문제인 것 같다. 개인의 노력과 국가 차원의 노력 모두 필요하고 절실하기 때문이다. 해양쓰레기의 많은 부분이 무분별하게 버려지고 있다는 점에서 개인의 노력도 중요하겠지만, 쓰레기 배출 방식이나 재활용 여부를 떠나 국가 차원에서 해양쓰레기 배출 저감과 관리정책을 잘 실행하는 일이 중요할 것 같다.

모든 사회적 문제의 해결에 있어 국민적 참여의식과 실천이 필수적인 만큼 앞으로 해양쓰레기의 심각성과 대응책에 대한 적극적 교육과 홍보도 시급하다. 조각 얼음 위의 '북극곰' 사진은 기후변화 심각성의 대명사가 되었다. 스티로폼을 토양 삼아 싹을 틔우고 뿌리를 내리는 해안 사초가 어쩌면 해양쓰레기의 심각성을 단편적으로 보여줄 수도 있겠다는 생각도 해본다.

촬영이 끝날 무렵 해양쓰레기를 줄이기 위한 각자의 노력에 대해 한마디씩 하는 시간도 가졌다. 나는 연구실에서 사용하는 일회용 플라스틱류 실험 용기를 가능하면 유리로 대체하여 최대한 플라스틱 사용을 줄이겠다는 약속을 하였다. 어렵겠지만 모두가 조금씩 변화한다면 해양쓰레기 문제도 지금보다는 더 악화되지 않으리란 희망을 가져본다.

Chapter 3. 개발과 보전의 화두

6
Blue-ESG의 서막

'지속가능성'은 17세기 산림경제 분야에서 벌목량 산정을 위해 처음 사용된 용어라고 한다. 오늘날 '지속가능성'은 인간사회에 포괄적으로 적용되고 있고, 누구나 지속가능성을 추구하게 되었다. '어떤 과정이나 상태를 유지할 수 있는 능력'을 뜻하는데, 환경, 경제, 사회적 측면 모두 포괄하기 때문이다.

'지속가능성'이란 용어는 공식적으로는 1987년 브룬트란트 보고서 「우리 공동의 미래」에 처음 명시되었다. 이후 1992년 '리우선언'에서 '지속 가능한 발전'이란 개념으로 이어졌다. '리우선언'에서 채택한 '의제21(Agenda 21)'은 지구인의 행동강령으로 27개 원칙을 제시하였는데, 제1원칙은 '인간과 자연의 조화, 그리고 건강하고 생산적인 삶의 추구'다.

지속 가능한 발전, ESG 철학

1992년 '리우선언'이 채택된 후 30년이 훌쩍 지났다. '지속 가능한 발전'이란 개념은 기업경영에 있어 'ESG(환경·사회·지배구조)'란 철학으로 발전하였다. ESG는 기업의 비재무적 요소를 대변한다. 즉 기업활동에 있어 친환경, 사회적 책임 강조, 지배구조 개선 등 투명경영을 추구하는 개념이다.

최근 투자자가 기업경영 기준과 철학으로 ESG 경영을 요구하면서 ESG는 경영의 대세가 되었다. 과거 기업의 가치는 재무제표와 같은 정량적 지표에 의해 평가되었다. 그러나 현재는 ESG와 같은 비재무적 가치가 더욱 중요해졌다. 왜냐하면, ESG라는 용어가 착한 기업을 상징하는 대명사가 되었기 때문이다. 이제 ESG는 기업뿐만 아니라 한 국가의 수준을 대변하는 기준이 되었다고 말해도 무방할 정도다.

지구촌 끝없는 위기, 기후변화와 생물 다양성

지난 몇 년간 코로나19로 인해 세계 경제는 급속도로 악화되었다. 엎친 데 덮친 격으로 작년 발발한 러시아-우크라이나 전쟁이 길어지면서 그나마 회복되던 경제도 멈추어 섰다. 한편, 2023년 IPCC가 승인한 제6차 유엔 기후변화 보고서는 지금처럼 온실가스가 배출된다면 2040년이 되기도 전에 지구 온도가 1.5도 상승한다고 예측하였다. '지구온난화' 속도가 제5차 보고서가 예측했던 것보다 10년 더 빨라졌다는 충격적인 결과다.

출처 <http://christianthinking.space/economics/econ.biodiv.html>

최근 '기후변화' 위기만큼 심각한 문제인 '생물다양성 붕괴'가 글로벌 이슈로 재조명받고 있다. 2022년 세계자연기금(WWF)이 발간한 「지구생명보고서 2022」에 따르면 1970년에서 2018년 사이에 야생동물 개체군의 규모가 약 70%나 감소했다고 한다. 보고서는 해양생물다양성 손실도 큰 비중으로 다루었다. 전 세계 30여 종의 상어, 가오리 가운데 18종의 개체수가 지난 반세기 동안 70% 넘게 감소하였다. 더불어 24종은 멸종위기에 처했고, 장완흉상어는 개체수가 3대에 걸쳐 95% 감소했다고 한다. 특별한 대책이 없다면 생물다양성이 2100년까지 계속 하락할 것이라는 암울한 예측 결과까지 내놓았다. 과감한 생물보전만이 하락세를 멈출 수 있다는 뜻이다.

다행히, 2022년 12월 캐나다 몬트리올에서 개최된 '제15차 생물다양성협약 당사국총회(CBD COP15)'에서는 196개 당사국이 '생물다양성 회복', '보호지역 확대', '생태계 복원' 등 17개 약속을 담은 '쿤밍 선언'을 채택하였다. 특별히 2030년까지 전 세계 육상과 해양의 최소 30%를 보호지역으로 지정, 관리하는 이른바 '30×30' 목표가 만장일치로 합의된 점은 'COP15'의 유의미한 성과라 하겠다.

국제사회, ESG 체계 본격화

우리나라는 2025년부터 기업 ESG 의무공시가 시작된다. 그리고 2030년까지 EGS 의무공시가 단계적으로 의무화되어 모든 상장사로 확대된다고 한다. 최근에 많은 기업이 ESG 경영전략을 수립하고 앞다투어 ESG 실행계획을 내놓는 이유일 것이다.

서울대학교 국가지정연구센터인 '블루카본사업단'에서는 2022년부터 블루카본 2단계 연구를 진행해오고 있다. 1단계 연구와 특별히 다른 점은 기업으로부터 ESG에 대한 문의가 제법 들어온다는 점이다. 기후변화 주범인 온실가스를 흡수해주는 블루카본을 조성하고 확대하는 기업의 기후위기 대응과 탄소중립을 위한 노력이 ESG 활동으로 인정될 수 있기 때문이다.

대표적인 사례로 작년에 '기아자동차'는 '해양수산부'와 블루카본 협력사업 추진을 위한 업무협약을 체결하였다. 기아는 협약 후 3년간 '국내 갯벌의 식생복원 사업'을 추진하고, 생물다양성과 탄소흡수에 관련된 연구를 후원하기로 약속하였다. 그 밖에 KB국민은행의 '블루카본 바다숲(잘피) 조성사업' 지원, 포스코ICT의 '육상 및 해상식물(해조류) 증식사업', 효성의 '잘피숲 보전활동 사업' 등 '블루-ESG(가칭)' 활동이 꾸준히 이어지고 있다.

블루-ESG 시대 개막, 우리의 전략은?

최근에 기업들이 해양수산 분야에서 '블루-ESG' 활동을 시작했다는 것은 해양수산인에게 매우 반가운 소식이다. 그동안 블루카본(맹그로브, 염습지, 잘피림, 갯벌 등)은 그린카본(산림, 초지 등)에 비해 탄소흡수원으로서 크게 주목받지 못했다. '블루카본(Blue Carbon)이란 신조어는 2009년 등장했고, 2013년 IPCC로부터 탄소감축원(맹그로브, 염습지, 잘피림)으로 인정받은 후에야 관심을 받게 됐으니 그 역사는 비교적 짧다고 할 수 있다.

지난 10여 년 블루카본 관련 연구는 폭발적으로 증가했고, 우리나라도 2017년부터 비로소 본격적인 연구를 시작했다. 기후변화와 해양생물다양성 손실이란 '이중위기' 속에서 블루카본은 '두 마리 토끼'를 한 번에 잡을 수 있는 꽤 매력적인 '자연기반해법'이기 때문이다.

'갯벌' 역시 '블루카본'으로 주목받기 시작한 것은 불과 수년 전부터다. 사실 갯벌은 '쓸모없는 땅'이란 인식으로 연안 개발(간척과 매립)의 최대 희생양이었다. 다행히 생물다양성 회복, 오염물질 및 수질 정화, 연안침식 재해방지 등의 순기능을 회복하기 위한 '갯벌생태복원사업' 덕분에 그나마 갯벌 블루카본 서식지가 조금이라도 회복될 수 있었다.

최근 갯벌 탄소흡수 메커니즘(저서미세조류의 탄소침적)과 국가 전체 갯벌의 탄소흡수량(1300만 톤) 및 연간 이산화탄소 침적량(최대 48만 톤)이 밝혀지면서 갯벌 복원사업이 더욱 탄력을 받게 되었다. 해양수산부는 2030년까지 갯벌(비식생지)10km²를 복원하고, 염습지(식생지) 105km²를 조성한다는 야심 찬 계획을 세우고 있다.

마음 같아선 더욱 공격적인 복원사업으로 그동안 잃어버린 갯벌을 전부 다 되찾고 싶다. 갯벌 복원과 염습지 조성 이외에도 블루카본을 증진하고 확대할 수 있는 잘피숲과 굴밭 등의 조성 계획도 논의되고 있다. 여하간 바다의 블루카본 서식지가 전반적으로 확대되고 그 생태계 역시 회복되리란 기대감이 커지고 있다는 점은 '갯벌맨'으로서 매우 반갑고 뿌듯한 일이다.

기업의 블루카본 ESG 활동이 본격적으로 시작된 만큼, 이를 장려하고 촉진하는 정부의 지원 노력도 매우 중요해졌다. 국가가 주도하는 복원사업과 함께, 지자체와 기업이 함께 참여하는 블루-ESG 시대가 꽃을 피운다면 현재 계획한 것보다 더 많은 블루카본 서식지가 조성될 수 있다.

'국제감축사업'을 통한 국외감축분 확보도 중요하다. 국제적으로 탄소감축원으로 인정받고 있는 맹그로브 서식지는 우리나라에 없으며, 그나마 있는 염습지나 잘피림의 면적은 매우 좁다. 다행히 파리협정 제6조(국제탄소시장)에 따라 타국에 기술지원, 투자, 구매 등을 통한 사업으로 발생한 온실가스 감축 실적 중 일부는 '국외감축분'으로 인정받을 수 있다. 최근 산림청이 수행한 '한-베트남-캄보디아-라오스 산림 조성'을 통한 그린카본의 국외감축분 확보 노력처럼, '한·인니 맹그로브 조성'과 같은 블루카본의 국외감축분 확보를 보다 적극적으로 추진해야한다.

기후행동컨퍼런스 2023

나는 지난 2023년 세계자연기금이 주최한 '기후행동컨퍼런스 2023'에 다녀왔다. 컨퍼런스의 주제는 '기후변화로 인한 이중위기 대응'이었다. 이날 컨퍼런스는 '복합위기'를 키워드로 세 가지 세션이 있었다. △복합위기 대응 노력 △공공·민감 참여를 통한 복합위기 해결 △지속가능한 경제와 미래를 위한 그린·블루금융이었다.

나는 세 번째 세션에서 '블루카본과 K-리빙쇼어라인의 혜택'이란 제목으로 갯벌 블루카본의 가치와 중요성에 대해 발표하였다. 주최기

'기후행동컨퍼런스 2023'의 토론에 참여한 김종성 교수(왼쪽)와 남정호 교수

김종성 교수 주제발표, 블루카본과 K-리빙쇼어라인의 혜택

관 관계자, 발표자, 토론자 모두 경제와 정책 분야의 전문가가 대부분이었기에 자연과학(해양학)을 공부한 나로서는 꽤 생소한 자리였다. 그래서 더 특별한 의미가 있기도 했다. 나는 '자연기반해법'으로 갯벌 블루카본이 갖는 탄소흡수원의 역할과 생태적, 경제적 중요성에 대해 조심스럽지만 강력한 의견을 전달하였다. 다행히 많은 참석자의 관심과 호응을 느낄 수 있었기에 특별히 더 감사했다.

　　강연 후 이어진 심층 정책토론 자리는 어렵고 생소했지만, 블루-EGS, 블루-경제, 탄소배출권 등 다각적 관점의 정책토론도 매우 흥미로웠다. 우리 세션 토론의 좌장을 맡은 한국해양수산개발원 남정호 박사님 덕분에 '짠물'끼리의 시너지를 발휘하며 유익하고 담대한 토론을 할 수 있었다. 토론 후에도 직접 내 자리까지 찾아와 질문해 준 몇 분들께 이 지면을 빌어 특별히 감사의 말씀을 전하고 싶다. 이번 경험으로 바다의 가치와 해양생태계의 중요성을 더 많은 다른 분야의 전문가들과 일반 국민에게 자세히 알려야겠다는 생각이 강해졌다.

2017년 시작된 블루카본 연구가 이제 8년째 접어들고 있다. 2013년 고철환 교수님께서 폴란드 바르샤바에서 개최된 '제19차 유엔기후변화협약 당사국 총회(UNFCCC COP19)'에 참석하신 이후 '블루카본'을 우리나라에 처음 소개하고 관련 연구를 기획한 시점부터 고려하면 우리 연구진은 12째 '갯벌 블루카본'을 연구해온 셈이다. 그러나 우리 갯벌의 국제적 인증을 위해서는 여전히 갈 길이 멀고 험난하기에 고민도 많고 어깨도 무겁다. 갯벌 블루카본이 국제사회(IPCC 등)에서 당당히 '탄소감축원'으로 인정되기까지는 해야 할 일이 많다. 과학적 성과는 어느 정도 만들었지만, 국제사회의 관심과 동의를 전제로 한 탄소감축원 인증까지 풀어내야 할 어려운 숙제가 사뭇 많다. 세계자연유산 'K-갯벌'이 놀라운 위력을 발휘해서 기후변화 대응과 탄소중립 해법의 주인공으로서 큰 역할을 할 수 있기를 기대해본다. 그날이 빨리 왔으면 한다.

김종성 교수의 우리 바다 우리 생물
Chapter 4

숙제와 도전

=== Chapter 4. 숙제와 도전 ===

1
글로벌 해양 이슈 전망

2023년 1월 나는 새해를 맞아 '글로벌 해양 이슈 전망'이란 제목의 기고 글을 통해 다사다난했던 한 해를 돌아보며 해양의 미래에 대해 생각해 볼 기회가 있었다. 2022년 '해양' 분야에서는 한 해 동안 어떤 일들이 있었는지 돌아보았다. 2022년 구글 인기 검색어 부분 국내 종합 TOP10에는 놀랍게도 해양과 관련된 키워드인 '기후변화'가 1위에 랭크되었다. 특히, 뉴스 및 사회 부문 TOP10에는 기후변화 1위, 초단기 강수 예측 2위, 태풍 힌남도 6위 등이 포함되면서 2022년이 그 어느 해보다 해양 분야가 주목받았던 한 해였음을 알 수 있었다.

2023년 구글 인기 검색어를 찾아보니 역시 해양 분야와 관련한 키워드로 '태풍 카눈'이 1위에 올라 있음에 깜짝 놀랐다. 역시 기후, 해양 등과 관련된 키워드는 분야, 시기를 떠나 우리나라 국민에게도 지속적

랭킹	주제
1	해양치유
2	해양쓰레기
3	해양환경
4	해양보호구역
5	인천
6	해양생태계
7	완도군
8	해양수산부
9	활성화
10	해양폐기물

2022년 해양 TOP-10 키워드

2022년 '해양' 분야 연관키워드 (뉴스 빅데이터 분석 결과, 2022.12.26.)

인 관심거리임이 틀림없는 것 같다. 2022년 말 기준이지만 당분간 지속될 것으로 생각되는 김종성의 해양키워드 'C.A.R.B.O.N'을 소개한다.

해양키워드 'C.A.R.B.O.N.'

2022년 '해양' 분야 핫이슈는 뉴스 빅데이터 분석과 최근 과학계 등 사회의 관심을 반영하여 주관적으로 제시함을 밝혀둔다. 2022년 해양키워드 TOP10은 해양치유, 해양쓰레기, 해양환경, 해양보호구역, 인천, 해양생태계, 완도군, 해양수산부, 활성화, 해양폐기물 등으로 확인되었다. 각 해양키워드 상세 연관검색어와 보도 내용, 전문가 의견 등을 종합적으로 고려해서 나는 6개의 해양키워드를 뽑아 보았다. 해양치유(Care), 기후변화(Angry sea)와 블루카본, 해양보호구역(Reserve), 해양쓰레기(Bin)와 폐기물, 해양환경(Ocean), 해양생태계(Nature), 이상 6개 키워드의 첫 영문 대문자만 모으면 누구나 아는

C.A.R.B.O.N이 된다.

'CARBON', 말 그대로 탄소 그 자체가 전 지구적 화두이자 숙제다. 특히, 2022년 유럽연합이 '탄소국경조정제도(CBAM)' 시행계획을 발표하면서 탄소중립, 탄소세 등 탄소 관련 검색이 급증하였다. 국가도, 기업도, 심지어 개인까지 '탄소' 스트레스가 어마어마해졌고, '탄소포비아'란 말도 생겼다. 그런데, 탄소배출을 줄이는 해법이 바다에 있다는 사실은 생각만큼 많이 알려지지 않은 것이 사실이다. 망망대해 바다는 탄소흡수의 최적지다. 특히, K-갯벌은 우리가 펑펑 배출한 탄소를 팡팡 흡수해주고 있고, 그 과학적 결과도 최근 몇 년 언론을 도배하다시피 하였다. 'C.A.R.B.O.N.'으로 해양 이슈를 하나씩 들여다보았다.

❶ CARE | 해양치유

2022년 '해양'과 가장 높은 연관성을 보인 키워드는 바로 '해양치유'였다. 2020년 '해양치유자원의 관리 및 활용에 관한 법률'이 지정된 후로 해양치유가 최근 핵심 키워드로 자리매김한 것 같다. 해양치유란 해양치유자원을 활용하여 체질 개선, 면역력 향상, 항노화 등 국민의 건강을 증진하기 위한 활동으로 정의된다.

'해양치유'는 갑자기 생겨난 개념은 아니다. 2013년 국회에서 처음 공론화됐고, 2014년 해양수산부가 해양치유 관광 과제를 시작하면서 차츰 공식 용어로 자리매김하였고, 2020년 관련 법률이 마련되면서 해양치유 산업이 본격화되었다. 특히, 2022년 전남 완도에 국내 첫 해양치유센터가 들어섰고, 여러 지자체에서도 해양치유 산업을 위한 투자가 본궤도에 올랐다. 완도 외에 충남 태안, 경북 울진, 경남 고성이 해양치유 거점지역으로 선정된 것이다. 태안에서는 퇴적물의 일종인 토탄(피트, peat)을 활용하여 근골격계 질환 완화 상품을 개발하고 있고, 부산과 보령에서는 해양치유 프로그램을 선보인 바 있다. 제주와 강원 지자체도 용암해수와 해양심층수를 통한 웰니스 관광 산업 육성이 힘을 받고 있다.

우리나라는 해양치유 자원이 상대적으로 풍부한 만큼 그 성장 잠재력도 크다. 웰빙에 대한 일반인의 관심이 지속적으로 높아지고 있고, 최근까지도 코로나19 팬데믹으로 한적하고 청정한 자연 속 휴식공간이 각광을 받고 있어 해양치유 산업 수요는 꾸준히 증가할 것으로 전망된다. 삼면사색의 각기 다른 특성을 가진 서해, 남해, 동해, 그리고 제주 바다까지 무궁무진한 치유자원이 발굴되고 잘 이용되기를 바란다.

❷ ANGRY SEA | 기후변화 + 블루카본

기후변화는 해양키워드에 직접 속하지 않았지만, 전 지구적 관심사로 분야를 떠난 환경 분야 최대 이슈였다. 작금의 기후변화 특징을 한마디로 표현하면 '성난 바다'라고 해도 무방하다. 지구온난화로 뜨거워진 바다가 화산처럼 대폭발한 것이다. 뜨거워진 바다로부터 엄청난 양의 수증기가 대기 중으로 유입되고, 그 수증기를 품은 거대한 기운

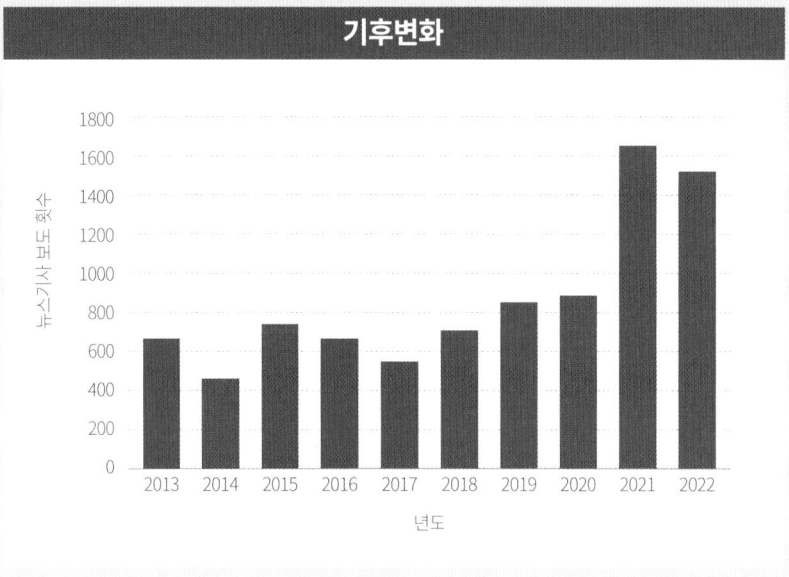

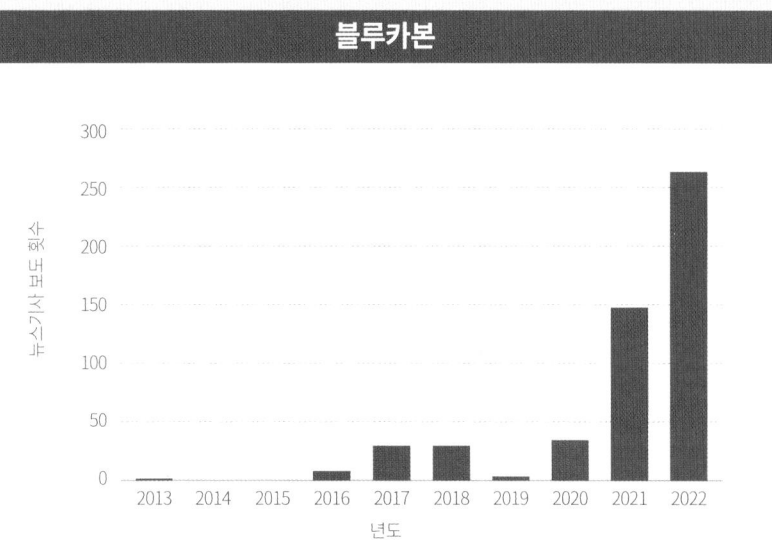

최근 10년(2013-2022) 해양 분야에서 '기후변화'와 '블루카본'의 뉴스기사 보도 횟수

의 슈퍼헤비급 태풍이 탄생한 것이다. 태풍 힌남노는 역대급으로 영남 지역에 상륙해 수많은 인명과 재산 피해를 냈고, 그 피해 복구비는 자그마치 7,800억 원을 상회했다.

기후변화와 밀접한 키워드로 '블루카본'도 급증한 키워드 중의 하나로 확인되었다. 블루카본은 2020년까지 연간 수십 회 수준의 보도에 불과했지만, 2021년 ~300회, 2022년 ~700회로 최근 급상승한 키워드로 확인되었다. 최근 다시 찾아보니 2023년에는 ~900회 정도로 확인된 바, 2024년은 1,000회를 상회할 것으로 전망된다. 블루카본의 대중화는 그만큼 바다에 대한 국민의 기대가 크다는 점을 반영하기 때문에 매우 반갑고 뿌듯한 일이다. 블루카본은 우리나라 전 바다에 분포하는 염습지, 해초지, 갯벌 등 해양생태계가 흡수하는 탄소를 일컫는다. 육지의 탄소흡수원인 그린카본에 비해 바다의 블루카본은 탄소가 안정적, 장기적으로 저장된다는 점에서 매우 중요한 탄소 자연흡수원으로 주목받고 있다. 또한, 블루카본은 탄소흡수 속도와 경제성 측면에서도 매우 효율적으로 알려진 가성비 높은 자연기반 탄소감축 해법으로 알려져 있다.

현재까지 국제적으로 인정하는 바다의 탄소감축원은 맹그로브, 염습지, 해초지 등 세 가지 해양생태계 서식지로 국한된다. 상대적으로 넓은 면적의 갯벌을 가진 우리나라의 경우, 갯벌 블루카본의 국제 인증이 시급해졌다. 갯벌 블루카본 국제 인증을 위해서는 보다 광범위한 갯벌에서 탄소가 장기간 격리, 보존됨을 입증할 수 있는 더 많은 과학적 근거가 필요하고, 궁극적으로 UNFCCC 인증을 위한 외교적, 정치적 노력도 필수적이다.

❸ RESERVE | 해양보호구역

'해양보호구역'은 2017년 주요 키워드로 등장 이후 주춤하다 2022년 들어서면서 해양 분야 상위 4번째 키워드로 랭크되면서 존재감을 드러냈다. '해양보호구역'은 특별히 보전할 가치가 있는 해양생태계 및 해양경관 등을 말하고 이를 국가 또는 지자체가 지정·관리해야 한다. 해양보호구역은 '습지보전법'과 '해양생태계의 보전 및 관리에 관한 법률'에 근거하여 연안습지보호지역과 해양보호구역(해양생물보호구역, 해양생태계보호구역, 해양경관보호구역)으로 구분된다. 2024년 기준, 우리나라 해양보호구역은 총 36개소로 ~1,900km²에 달한다. 제주도보다 더 크다.

특히, 2021년 습지보호지역에 속하는 4개의 우리나라 갯벌(충남 서천, 전북 고창, 전남 신안, 보성·순천 갯벌)이 세계자연유산으로 등재되면서 해양보호구역에 관한 관심도 그만큼 커졌다. 한편 국가해양정원 사업에 관한 관심도 점차 커지고 있다. 2022년 충남 서산과 태안에 위치한 가로림만과 경북 포항의 호미반도에서는 국가해양정원 사업 진행 여부가 화두에 오르기도 했다. 가로림만은 점박이물범이 서식하는 곳으로, 2016년 해양보호구역으로 지정되면서 해양생물과 주변 경관이 관리되어 왔다. 포항 호미곶 주변 해역은 해안단구 중심의 넓은 암반생태계가 형성되어 있어 해양보호구역으로 지정된 곳이다. 하지만 개발과 보존을 뒷받침할 법적 근거가 마련되지 않아 최근까지도 해양보호구역 관리에 한계가 있었다.

다행히 최근 해양생태계법 일부개정법률안이 통과되면서 해양보호구역과 인근 해역 등을 보다 체계적으로 이용, 관리할 수 있는 법적 근거가 재정비되었다. 나아가, 유엔 '해양생물다양성협약(BBNJ)'에서 논의되었던 2030년 보호구역 30% 지정이란 글로벌 목표 달성을 위해 국가 차원의 노력과 구체적 실천방안도 구체화 될 전망이다. 바야흐로 '기후변화'와 함께 '생물다양성' 붕괴란 이중위기에 대한 해법이 함께 모색되어야 할 시기가 되었다.

❹ BIN | 해양쓰레기 및 폐기물

여전히 뾰족한 해결책이 없는 '해양쓰레기'와 '해양폐기물'은 어김없이 '해양'과 깊이 관련된 키워드로 꼽혔다. 해양쓰레기의 지속적인 유입에 따라 정부의 해양쓰레기 수거 노력이 빛을 못 보고 있다. 최근 몇 년간 정부는 해마다 수만~수십만 톤의 해양쓰레기를 수거해 왔지만, 매년 바다로 버려지는 해양쓰레기의 양은 수거량을 상회한다고 알려져 있다. 결국 인간이 직접 쓰레기를 수거하는 정화작업으로 해양쓰레기를 줄이는 것은 사실상 불가능에 가깝다고 할 수 있다. 기관 차원에서 인공위성, 드론, 인공지능 등 최신 기술을 도입하여 해양쓰레기를 탐색하고 수거하려는 노력이 이어지고 있으나 궁극적 해결책은 아니라

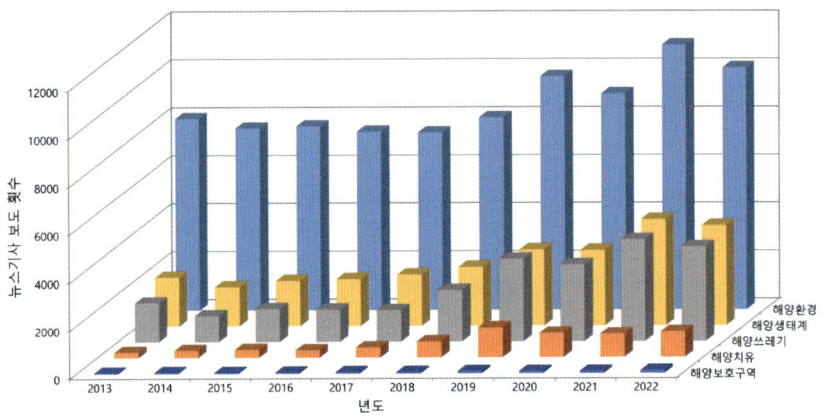

최근 10년(2013-2022) 해양 주요 키워드의 뉴스기사 보도 횟수

는 점에서 갈 길이 멀다.

　수거된 해양폐기물을 소각하지 않고 재활용하여 자원화하는 방안도 활발히 논의되고 있다. 전라남도에서는 2020년 기준 연간 7만 6,000톤의 조개껍데기가 발생했고, 겨울철에 대량 발생한 괭생이모자반에 대한 전향 재활용 계획이 주목받은 바 있다. 조개껍데기는 석회석을 사용하는 제철소와 화력발전소에서 활용하거나 농업용 비료로 사용하고, 괭생이모자반은 퇴비나 가축 사료로 활용하자는 것이다. 이외에도 해양수산부에서는 폐로프, 폐어망, 플라스틱 생수병과 같은 폐기물을 수거, 재활용하는 방안도 추진하고 있다.

　사후 대책보다 더 절실한 것은 근본적이고 실효성 있는 예방책일 것이다. 중앙정부와 지자체로 흩어져 있는 업무를 종합적으로 관리·운용하는 통합관리체계를 구축하고, 발생 저감대책 마련과 같은 해양쓰레기에 대한 관리정책 전환이 필요하다.

❺ OCEAN | 해양환경

2022년 해양치유, 해양쓰레기에 이어 3위에 랭크된 키워드는 '해양환경'이었다. 해양환경 주제별로 볼 때 영향평가, 해역이용영향평가, 해상풍력 발전사업 등이 크게 주목받았다.

현재 우리나라는 해양개발의 적정성과 생태계에 미치는 영향을 검토하기 위해 해역이용영향평가를 시행하고 있다. 최근 해역이용영향평가에서 주목받고 있는 사업 분야는 해상풍력 발전사업이다. 광범위한 해양공간을 장기간 사용한다는 점을 고려해 최근 해양수산부는 해상풍력 발전사업에 특화된 영향평가서 작성 가이드라인을 제시하였다. 가이드라인에는 해양물리·화학, 환경위해성, 해양생태, 인문·사회 등 4개 분야 17개 평가항목에 대한 상세한 지침이 담겨있다. 해상풍력 발전사업은 설치공사, 운영, 해체·교체 등 사업 단계별로 해양환경에 미치는 영향이 다르므로 단계별로 영향을 구분해서 평가하는 것이 중요하다. 또한 운영 과정에서 발생하는 소음과 진동, 전자기장 등의 영향을 집중적으로 조사·분석할 필요가 있다.

해양환경 보전을 위한 활동도 지속적인 관심사로 나타났다. 인천시에서는 2022년 국내 최초로 갯벌생태계 복원, 해양쓰레기 정화, 생태관광 활성화 등을 전담하는 부서인 해양환경과를 신설하기도 했다. 해양수산부가 2020년 시작해서 운영하는 반려 해변 제도도 범국민적 자원보호 활동으로 거듭나고 있다. '줍다'와 '조깅'을 결합한 소위 '줍깅'(정식명: 플로깅, plogging)도 남녀노소 모두가 참여하는 국민적 캠페인으로 자리매김했다.

❻ NATURE | 해양 생태계

'해양생태계' 역시 2022년 '해양'의 주요 키워드로 자리를 지켰다. 해양생태계 가치의 발굴, 보호, 보존에 관한 기사들이 주류를 이뤘다. 건강한 해양환경 조성을 위한 한국수산자원공단의 대표사업인 '바다숲' 사업이 크게 주목받았다. 바다숲은 2009년부터 정부 주도로 진행돼왔고, 2030년까지 5만4,000ha를 조성하는 것을 목표로 하고 있다. 이를 통해 2022년까지 총 2만6,644ha의 바다숲이 새롭게 조성되었고, 공단 분석에 따르면 바다숲 사업 이후 해양생물 종다양성이 2020년 대비 2021년에 6.6% 증가하였고, 갯녹음 해소율도 38.2% 향상되었다고 한다.

해양생태계의 가치를 발굴하는 사업의 하나로 전남 무안 갯벌의 염생식물 조사 결과가 소개되기도 했다. 염생식물 총 56종이 출현했고, 도립공원 내 총 14만m² 이상의 염생식물 군락지가 분포한다는 사실이 밝혀진 것이다.

해양생태계 보호와 가치 발굴에 대한 보도와 더불어 해양생태계 파괴 현황도 지속적으로 언론에 오르내렸다. 일례로 2022년 국내 발전소에서 623억 7,000만 톤의 온배수를 후처리 없이 그대로 해양으로 배출되었다는 충격적 보도도 있었다. 향후 온배수 해양 배출에 대한 규제와 관련 연구가 시급해졌다. 한편 갯벌 생태계서비스에 대한 정략적 가치 평가 연구 결과가 나와 주목받기도 하였다. 작년 해양수산부는 우리나라 갯벌의 생태계서비스 가치가 연간 18조 원에 이른다는 사실을 새롭게 발표하였다.

키워드로 알아본 2022년 해양 6대 뉴스는 모두 환경적 측면에 대한 것이었다. 특히 지난 10년간 해양환경에 대한 보도는 약 8만 6,000번으로 가장 많이 주목받았고, 해양생태계와 쓰레기에 대한 보도도 꾸준히 증가해왔다. 이는 해양환경 보존과 그 가치의 발굴에 대한 사회적 관심이 집중되고, 그 수요 또한 증가하고 있음을 방증한다.

2023년 1월 기준으로 작성했던 해양 분야 전망이지만 'C.A.R.B.O.N'은 앞으로도 당분간 우리 국민, 더 나아가 전 세계인이 관심을 가지고 함께 기억하고 풀어나가야 할 '글로벌 아젠다'임은 자명하다. 특히, 기후위기 시대에 전 세계가 2050 탄소중립을 향해 달리고 있는 지금, 당분간 탄소를 중심으로 한 사회 각계의 관심과 탄소중립을 달성하기 위한 전 지구적 노력은 그 어느 때보다 절실하다.

최근 현장과 대중강연 등을 통해 우리 국민의 해양에 관한 관심과 인식은 이전과 많이 달라졌고 더 적극적으로 변했음을 실감한다. 해양학자로서 바람이 있다면 젊은 청년과 우리의 미래세대가 바다의 가치와 소중함을 더 많이 알아가고 그만큼 바다와 더 친해졌으면 한다. 친해지면 그만큼 더 잘 지켜주고 싶을 것 같다.

― Chapter 4. 숙제와 도전 ―

2
청년 해양학도의 열정

　벌써 10여 년 전의 일이다. 내가 좋아하고 존경하는 해양 퇴적학자 서울대 최경식 교수님과 함께 과제를 하면서 중간발표회를 할때다. 최 교수님은 그간의 연구 결과를 소개하고 마무리하면서 'No Field, No Data'란 다소 재밌는 멘트로 현장 조사의 중요성을 어필하면서 박수를 받았다. 그때 문득 꾀가 나서 최 교수님의 문구 앞에 'No Student'가 빠졌다고 농반진반으로 한마디 던졌고, 많은 이들이 박수와 함께 폭소를 터뜨렸다. 사실 틀린 말은 아닐 것이다. 그간의 우리 벤토스랩(서울대 해양저서생태학연구실, 줄여서 저서생물실, 영어로 Benthos Lab.)의 성과는 정말 많은 동료와 선후배 연구자들의 도움 덕분이라고 생각한다. 그러나 가장 중요한 조력자이자 주인공은 그 누가 뭐라 해도 우리 벤토스랩 학생들임은 부인할 수 없다.

나는 특별히 기록하는 것을 좋아해서 작은 메모부터, 연구 노트, 편지나 사진, 그리고 시료까지 모두 기록하고 보관하는 버릇이 있다. 그 덕에 우리 학생들은 현장 조사나 실험, 그리고 연구하는 과정에서 아주 사소한 내용까지 신경 써서 기록하고 정리하고 또 보관하고 있다. 그 기록이 지금 이렇게 우리 바다와 우리 생물의 소재며 주제이자 성과가 된 것 같아 뿌듯하고, 감사하다. 내가 가장 좋아하고 학생에게 자주 하는 두 가지 단어가 '처음처럼'과 '함께하기'다. 우리가 함께 기록해 왔던 그리고 계속 기록할 추억 중에 학생들이 가장 즐거워하고 늘 기대하는 '썸머(윈터)스쿨' 이야기를 꺼내 본다. '혼자 가면 빨리 가고 함께 가면 멀리 간다'는 출처 불명의 '혼빨함멀'이란 말이 새삼 떠오른다.

홀로서기보다 중요한 '함께하기'

해양학은 '필드 사이언스'란 학문적 특성상 바다에 직접 나가서 관측하고 시료를 채취하는 일이 필수적이다. 연안해양학도는 늘 하구, 바닷가, 갯벌 등을 돌아다니고, 대양을 연구할 때는 연안이든 먼 바다든 배를 타고 나가기가 일쑤다. 결론은 혼자서는 바다를 연구할 수 없다는 것이다. 이러한 생각과 배경으로 학생들과 '함께하기'를 시작한 것이 바로 '썸머(윈터)스쿨'이다. 가까운 몇 개 대학 연구실 대학원생들이 방학 때마다 함께 모여 공부하고 교류하는 시간을 가져보자는 것이었다.

첫 모임은 2018년 1월 제법 빡빡하게 진행한 일주일간의 '윈터스쿨'

이었다. 서울대, 안양대, 인하대, 충남대, 한국해양대 등 5개 연구실에서 석·박사 과정 대학원생 40여 명이 참여하였고, 우리는 연구실별로 무슨 공부를 하는지 어떤 연구를 진행하는지 공유하고 논의하는 시간을 가졌다. 강의와 실습을 병행하면서, 동일 분야 실험의 경우 연구방법론을 비교, 검토하고, 방법론을 표준화하는 노력도 했다. 학생들에게 실전에 도움이 되는 스킬과 노하우를 전수해주는 값진 시간이었다. 학교도 전공도 달랐지만, 바다공부를 함께 한다는 일념으로 똘똘 뭉친 학생들의 우애와 신뢰는 자연스럽게 싹트고 있었다.

이어 진행한 2018년 썸머스쿨은 기대 이상의 큰 호응과 적극적 참여 덕분에 성황리에 마칠 수 있었다. 당시 나는 2017년부터 한국연구재단 지원으로 중견과제 연구를 수행하고 있었다. 연구과제명은 좀 거창하지만, '육상기원 유해물질의 화학역학적 거동 프로세스 규명을 통한 연안생태계의 자정능력 평가'였다. 2차년도인 2018년 우리는 바다의 자정능력 평가를 위한 대규모 현장 조사가 계획되었고, 몇 가지 이유에서 인천 앞바다인 경기만을 조사지역으로 정했다. 육상의 영향까지 고려해야 했기에 경기만 일대와 인근 내륙지역인 한강하구(김포 일대), 인천 북항, 시화호가 모두 포함된 광범위한 조사를 계획했고 조사 정점은 100개를 상회하였다.

문제는 경기만이란 넓은 해역을 동일시기에 관측하면서 해수, 퇴적물, 그리고 생물체까지 모두 채집해야 하는 무지막지한 작업이었다. 당연히 한 연구실로 감당할 수 없는 대규모 필드였고, 나는 평소 공동

2018년 경기만 일대 공동조사

과제를 진행해 온 벤토스랩 연합연구실의 도움을 받아야만 했다. 안양대, 충남대, 한국해양대 등 3개 연구실 20여 명의 지원군 덕분에 우리는 '경기만 대첩'을 무사히 마칠 수 있었다. 2018년 윈터스쿨과 썸머스쿨에서 진행했던 실습 위주의 공동 교육과 훈련이 큰 힘이 되었고, 이후 우리는 각자 맡은 실험과 후속 연구로 공동 논문까지 작성하는 의미 있는 성과를 거두었다.

그 이후, 방학이 되면 우리는 자연스럽게 모이게 됐고, 2019년 겨울에도 블루카본 1단계 연구과제에 참여하고 있던 서울대, 안양대, 고려대, 연세대, 충남대, 한국해양대 등 6개 대학 연구실의 30여 명의 대학원생이 한자리에 모였다. 2019년 윈터스쿨은 강화도 현장에서 진행했는데, 영하 10도 안팎의 폭설까지 내렸던 터라 현장실습이 녹록지 않았지만, 학생들의 열정과 파이팅은 추위도 잊게 했다. 특별히, 각 연구실의 지도교수가 참석하지 않고 대학원생들끼리 진행했던 또 다른 첫 경험이었다는 점에서 의미가 컸다. 되돌아보면 대여섯 개 연구실이 참여한 세 번의 윈터·썸머스쿨은 형식이나 내용 모든 측면에서 다소 어설펐지만, 우리 모두의 지식과 경험을 조금씩 나누고, 소통과 공유란 중요한 가치를 인식하기에는 충분했던 것 값진 시간이었다.

2020 썸머스쿨 : 젊은 해양학도의 대잔치

2020년 방학은 어김없이 돌아왔고, 우리는 또다시 뭉쳤다. 지난 세 차례의 모임 덕분에 학생들의 친분도 기대도 그만큼 커졌고 그래서 행사 준비와 진행에도 좀 더 신경을 써야 했다. 그 사이 참여대학 연구실도 늘어 2020년 썸머스쿨에는 서울대, 안양대, 충남대, 한국해양대, 군산대, 인하대, 캐나다 사스캐처원대 등 7개 대학 8개 연구실에서 50여 명의 학생이 참여했다. 이전 윈터·썸머스쿨이 현장 중심의 실질적 실험방법론을 익히고 배우는 데 초점을 두었다면, 이번 썸머

2020년 썸머스쿨

쿨은 원론적 측면에서 일반해양학부터 해양학 각론, 그리고 해양 정책까지 아우르는 융합해양학적 측면에서 기본소양을 익히는 시간으로 계획하였다.

    그야말로 무더위가 시작되는 7월이었기에 학생들은 현장보다는 시원한 강의실을 더 좋아했을지 모르겠다. 나는 딱딱한 강의실에서 약간 서먹서먹한 분위기도 전환할 겸 BENTHOS(저서생물)를 7행시로 풀어 개회사로 대신하였다. Benefit(자원), Enthusiasm(초심), Nature(실력), Time(시간), Health(체력), Opportunity(감사), Sustainability(끈기)란 7개 영어 키워드로 '슬기로운 대학원 생활'에 도움이 되기를 바라는 마음을 전했다. 이번 썸머스쿨에는 14인의 초호화 강사진이 출정하여 학생들의 환호를 받았다. 군산대학교 이원호 명예교수님을 비롯하여 사스캐처원대 장갑수 교수님, KMI 남정호 박사님 등은 5일간의 열띤 릴레이 강의를 완주했다. 그렇게 또 아쉬움을 뒤로 하고 역대 최대 인원이 참석한 2020년 썸머스쿨은 무사히 막을 내렸다.

2021 썸머스쿨 : 비판, 도전 그리고 크리에이티브니스

2021년 썸머스쿨은 여러 가지로 더욱 특별했다. 시간이 지나니 자연스레 참여 인원도 늘어나서 총 9개 기관 70여 명의 학생과 강사진이 대거 참여했다. 코로나로 인해 대학별 참여 인원수를 제한해야 했던 점은 무척 아쉬웠지만, 그래도 강의실에는 40여 명의 대학원생이 자리했다. 초롱초롱한 대학원 신입생과 일부 학부생 인턴까지 가세하여 기대감과 설렘으로 자리를 가득 메운 학생들을 보니 아쉬움은 금세 사라졌다.

2021년의 특별한 점은 주제(theme)를 정하고 이에 맞는 연사를 초청했다는 점이다. 주제는 좀 거창하지만 '비판, 도전, & 크리에이티브니스'로 했다. 다양한 분야의 대학원생들에게 비판적 식견이 꼭 필요했고, 글로벌 경쟁력 우위를 위한 도전적 융합해양학 연구를 표방하

2021년 썸머스쿨

고 싶었기 때문이다. 그리고 과학과 발명은 '새로움'을 추구하는 창의적 생각으로부터 출발해야 함을 강조하고 싶었다. 학생들은 처음 등장한 썸머스쿨의 부제목에 어리둥절하면서도 금세 적응하며 취지에 맞게 활발한 토의와 유익한 대화의 시간을 가지며 만족해했다. 취지는 적중한 셈이다.

    2021년 썸머스쿨은 학생보다는 강사진에게 더 부담되는 시간이었을지도 모르겠다. 강의가 끝나고 안 사실이지만 본인 전공 분야의 기존 강의자료를 들고 온 것이 아니라 '비판, 도전, & 크리에이티브니스'란 주제에 맞춰 새로운 내용의 강의를 준비해 왔기 때문이다. 해양연구의 이유, 해양학자의 글쓰기, PhD, 과학하기, 과학과 정책의 만남, 분류 이야기, 남극 탐험, 해양과학자가 되는 방법 등 평소와는 사뭇 다른 주제와 내용이 두루 포함되었다. 학생들에게는 해양학적 전공지식이 아닌, '과학하기'란 근본적 질문에 대해서 깊게 생각할 수 있는 귀중한 시간이었을 것이다.

도약의 2022년 썸머스쿨 : 깊고 넓은 바닷속으로!

바야흐로 2022년 여름 여섯 번째 썸머스쿨을 맞이했다. 푹푹 찌는 7월이었지만 제주 바다는 우리를 반겼다. 그러나 내게는 2022년 썸머스쿨이 가장 아쉬운 기억으로 남아있다. 당시 나는 '한국·캐나다 과학기술대회' 참석을 위해 캐나다로 출장을 갔다. 학회 이후 바로 제주 썸머스쿨에 조인할 예정이었다. 그러나 귀국 직전 한번 걸렸던 적 없던 바로 그 코로나가 내 발목을 잡았다. 어쩔 수 없이 나는 호텔 방에 갇혀서 나이아가라 폭포만 1주일 내내 지겹게 보면서 온라인으로 제주 썸머스쿨을 지켜봐야 했다. 본의 아니게 두고두고 잊지 못할 썸머스쿨이 되어 버렸다.

2022년 썸머스쿨 기획은 좀더 특별해야 했다. 해마다 커져 온 학생들의 기대와 희망에 부응하기 위해 또 다른 '새로움'이 필요했기 때문이다. 나는 지금까지 실험과 연구를 위해 찾아갔던 탐구의 대상 바다 대신 놀이와 재미를 위한 치유의 바다에 초점을 맞춰봤다. 그렇게 2022년 썸머스쿨의 주제는 바다 백배 즐기기를 모토로 'Under the Sea'로 정했다. 바닷속으로 직접 들어가서 우리가 공부하는 해양생물을 마음껏 보고 살짝 만져도 보고 또 맛도 보는 그런 1석 3조의 바다와 함께 '숨쉬기'를 콘셉트로 했다.

코로나가 살짝 누그러진 틈을 타서 총 9개 대학에서 80여 명의 대원이 스쿠버 명소인 제주바다목장으로 하나둘 모여들었다. 학부생들부터 대학원생, 그리고 지도교수와 초청 강사진 모두 바다에 들어갈 수 있는 자격을 갖춘 후, 바닷속 대탐험이 시작되었다. 이미 베테랑 다이버가 절반 이상 있었기에 바닷속 기행은 안전하고 차분하고 또 알차게 진행될 수 있었다. 역시 '백문이 불여일견'이라 했던가, 바닷속 생물을 처음 접한 학생들의 기쁨의 환호성은 바닷속 깊이 울려 퍼졌다. 그들의 즐거움과 행복감은 눈빛만으로도 충분히 읽을 수 있었다. 함께 해냈다는 성취감과 바다와 함께 숨 쉬면서 공고해진 동료애는 덤이었다.

여기까지만 있었다면, 그야말로 재미 정도로 끝났을 아쉬운 썸머스쿨로 기억될지 모르겠다. 하지만, 특별한 강연은 계속됐고, 오히려 더 새로웠다. 총 12인의 화려한 강사진을 모시고, 우리는 그동안 강의실이나 학회장에서는 듣기 어려운 선배들의 개인적 삶과 철학을 담은 이야기를 들을 수 있었다. 해양학이 아닌 다른 분야에 종사하는 여러

2022년 썸머스쿨

전문가의 강의가 이어졌고, 우리 학생들의 시각과 가치관을 넓힐 수 있는데 큰 도움이 되었다. 순수물리학, 생물학, 수산학, 경제학, 해양 정책, 사회과학, 역사, 문화에 이르기까지 정말 다양한 분야에 관한 지식인의 생각과 경험을 전할 수 있었고, 우리도 함께 배우고 토론할 수 있는 뜻깊은 시간이었다. 그렇게 또 우리는 내년의 또 다른 특별한 썸머스쿨을 기약하며 돌아섰다. 김자영 KBS 작가의 썸머스쿨 기록 영상은 아직도 우리 모두 가슴 속에 잔잔한 감동과 여운으로 남아있어 특별히 고마움을 전하고 싶다.

지칠 줄 모르는 열정 2023년 썸머스쿨 : 보다, 그리고 느끼다!

벤토스 썸머스쿨이 두려워지기 시작했다. 늘 새로움을 추구해야 한다는 압박이 점점 커져 왔기 때문이다. 그래도 다시 한번 새로운 도전은 계속되었다. 코로나로 참석할 수 없었던 2022년의 아쉬움을 날려 버릴 만큼 2023년 썸머스쿨도 신나고 재미나고 유익한 멋진 모임이었다. 총 10개 연구실에서 100여 명이 참석한 역대 최고의 모임으로 'See the Sea, Feel the Sea'란 자연과 바다와 하나 되기에 충만한 시간이었다. 참여한 모든 학생이 1분 소개와 장기자랑을 통해 더욱 친해졌다. 지도교수나 강사진이 아닌 학생 본인이 썸머스쿨 주인공임을 모두 느낄 수 있는 뜻깊은 시간을 보냈다. 바닷속 탐험은 이제 기본이었다. 대부분 작년 썸머스쿨을 계기로 이미 프로 다이버로 알아서 바닷속으로 풍덩 풍덩, 일부 새로 참여한 학생들만 자격증을 따기 위해 안간힘을 썼다. 그렇게 2023년도 제주 바다는 우리 벤토스 학생들로 가득 찼다.

내가 추구하는 융합해양학의 가장 중요한 가치와 덕목을 하나만 고르라면 나는 '함께하기'라고 주저 없이 외칠 것이다. '함께하기'는 나를 비롯한 기성 해양학자들에게도 꼭 필요한 덕목이지만 쉽게 만들 수도 거저 얻기도 어려운 특별한 선물인 것 같다. 매우 어려운 요소겠지만, 우리 미래를 이끌어갈 젊은 해양학도에게는 더욱 절실한 철학임을 강조하고 싶다. 특히, 최근 주목받고 있는 해양과 환경 분야의 국가적 난제와 글로벌 해양위기 상황에서의 해양학의 위상과 역할은 더욱 중요해졌다. 이제 기초과학으로서의 해양학 그 이상이 요구되며, 그 답은 융합해양학의 리더십과 나눔에 있다고 생각한다.

다소 개인적인 몇몇 연구실만의 행사로 시작했던 썸머스쿨이었다. 그러나 기대와 소망도 크다. 점차 학계 전반으로 퍼져서 해양과학을 공부하는 더 많은 패기 넘치는 젊은 후배가 함께 배우고, 느끼고, 실천할 수 있는 전 해양인의 썸머스쿨로 성장해 나가기를 꿈꿔본다. 각계각층의 해양인의 적잖은 노력과 보이지 않는 실천이 꾸준히 이어진다면 '해양과학 대중화'를 조금이나마 앞당길 수 있을 거란 기대를 해본다. 올여름 2024년의 썸머스쿨이 걱정반 기대반으로 또 기다려진다.

— Chapter 4. 숙제와 도전 —

③
치열했던 바다 연구 40年

어느덧 바다와 함께해 온 세월이 30년을 바라보고 있다. 학부 1~2학년을 신나게 놀고 3학년 1학기 정신이 번쩍 들면서 생물해양학을 공부해 보겠다고 고철환 교수님의 '벤토스랩' 문을 두드린 것이 1996년이었다. 그렇게 전국 바다를 떠돌며 갯벌 생태 공부가 천직이라 여기며 여기까지 왔다. 누가 알아주지 않더라도 그냥 좋아서 재미있어서 달리 재주도 없어서 별로 인기 없던 갯벌을 친구 삼아 여태껏 버텨왔다.

그런데 기대치 않게 'K-갯벌'이 슈퍼스타가 되었다. 사실 이 정도로 국민의, 전 세계인의 주목을 받을 거라고는 생각지 못했다. 한국의 서·남해 갯벌은 무려 1,000종에 달하는 해양 저서무척추동물이 살아가는 세계 최고 수준의 해양생물다양성을 보유한 전 세계인의 유산으로 유명해졌다. 최근 밝혀진 K-갯벌의 가치는 조절, 문화서비스만 무려 18조 원에 육박하는 엄청난 경제적 가치를 품은 바다의 스타로 재탄생하였다. 2022년 이집트에서 개최된 '제27차 유엔기후변화협약 당사국 총회(UNFCCC COP27)'에서 한국의 갯벌이 기후위기의 새로운 해결사로 주목받기도 했다. 슈퍼스타가 된 'K-갯벌'과 함께했던 그간의 지난했던 그러나 행복하고 감사했던 긴 탐구여정을 간략히 정리해 보려 한다.

한국 갯벌의 시련과 재조명된 놀라운 가치

갯벌의 가치를 잘 몰랐던 1970~1980년대, 갯벌은 버려도 되는 '쓸모없는 땅'이란 인식 덕에 대규모 간척사업의 최대 희생양이었다. 지난 40년간 현재 남아있는 갯벌(약 2,500km^2)에 버금가는 면적의 자연 갯벌이 간척과 매립으로 모두 소실되었다. 제주도보다 더 큰, 서울시 면적의 4배에 달하는 바다의 땅이 부지불식간 사라진 것이다. 시화호(180km^2), 새만금(400km^2)과 같은 대규모 간척을 포함하여 수많은 자연 갯벌이 역사 속으로 자취를 감췄고, 갯벌을 터전으로 하는 모든 저서생물은 무덤 속에 묻혔다.

아름답고 풍요로움을 간직했던 복잡한 해안선이 일품인 우리나라 서해안은 긴 콘크리트 방조제 도로가 들어섰고, 그 처참한 운명은 이미 정해져 있었다. 내부에 갇힌 물은 썩었고 빈산소와 오염으로 신음하던 대부분의 저서생물은 표층으로 기어 나와 개흙에서 주검으로 발견되었다. 우리 연구진은 2018년 간척으로 사라진 갯벌의 유무형의 경제적 손실액이 연 8조 원에 이른다는 연구논문을 발표하기도 했다. 그러나 최근 발표된 한국 갯벌의 경제적 가치 연 18조 원임을 고려할 때, 그 추정 손실액은 더 커질 것이 자명하다.

갯벌 생태학의 선구자, 고철환 서울대 명예교수

갯벌 생태연구의 역사는 1980년대 초로 거슬러 올라간다. 나의 은사이신 고철환 교수님께서 독일에서 해양생물학 학위를 받고 1981년 서울대 해양학과로 부임하면서 소위 '학문적' 관점에서 갯벌을 소개하셨고, 학계에서 갯벌 생태연구는 이때부터 본격 시작되었다. 1970년대 간척사업이 국토개발사업으로 시작될 때는 전 국민이 갯벌과 갯벌의 가치에 대해 무지했다. 사실 갯벌 연구는 유럽에서 시작됐고 이미 당시 100년 이상의 역사를 가진 유서 깊은 학문 분야였지만, 1980년대 초 국내에서 뒤늦게 시작된 것이다.

고철환 교수님께서는 서울대 벤토스랩을 이끌며 재직기간 30년 넘게 갯벌 생태연구를 주도하셨다. '마른 땅'이란 뜻을 가진 일제 강점기 용어인 '간석지' 대신 '넓은 들'을 뜻하는 순우리말 '갯벌(Getbol)' 사용을 주창한 장본인이기도 하다. 세계 유수의 저널에 갯벌 생태연구 결과를 발표했고, 한국 갯벌의 중요성을 국민에게 쉽게 알리고자 '세계 5대 갯벌'이란 말도 만들어냈다.

고철환 교수님의 갯벌 사랑과 해양학에 대한 열정은 정년 후에도 식지 않았다. 2014년 제자들과 함께 해양정책 분야의 저명한 국제학술지에 '한국의 갯벌' 특별호를 발표하는 투혼을 보여주셨다. 이를 계기로 한국 갯벌의 가치가 다시 대중 속으로 인식되는 계기를 마련했고, 갯벌 생태와 복원의 중요성이 재조명되었다. 본 한국의 갯벌 특별호에는 총설 논문을 포함하여 총 19편의 논문이 게재됐는데, 지난 30년간 갯벌 생태연구를 집대성했다는 점에서 1세대 해양학자의 대표적인 성과로 평가할 만하다. 특히, 갯벌의 해양과학적 연구 결과뿐만 아니라 해양생태계 보존, 해양보호구역, 갯벌 생태복원 등 관련 정책과 사회과학적 측면의 논문도 다수 게재됨으로써 갯벌과 관련한 국내 해양보호정책의 발전에도 크게 이바지했다.

이렇듯, 고철환 교수님을 중심으로 한 벤토스랩의 갯벌 생태연구는 최근 한국 갯벌의 '세계자연유산' 등재와 '갯벌 및 그 주변지역의 지속가능한 관리와 복원에 관한 법률(갯벌법)' 제정에 이르기까지 그 학문적 근간을 마련했다고 해도 과언이 아니다.

벤토스랩 입문, 그리고 내가 '갯벌맨'이 된 이유

나에게 어릴 적 갯벌은 '놀이' 공간이었지만, 해양학과에 입학하고 고철환 교수님의 '생물해양학'을 수강하면서 어느새 '탐구' 대상으로 바뀌었다. 천리포 실습을 계기로 생물해양학에 관심을 갖게 된 나는 학부 3학년 때 벤토스랩 학부생 인턴을 시작했다. 이때 고 교수님의 새만금 갯벌 TV 촬영을 따라간 것이 결정적 계기가 되었다. 프로그램 제목은 '환경탐사 그린맨을 찾아라'였다. 1996년 당시 새만금은 방조제 공사가 한창 진행 중이었고, 고 교수님은 새만금 반대를 주장하는 대표 학자였다. 나는 현재 안양대 교수로 있는 류종성 선배, 그리고 몇 명의 다른 학부생과 함께 엑스트라로 참여했다. 오후 내내 촬영하는 동안 우리는 갯벌에 빠지고 뒹굴면서 쉴 새 없이 개흙을 파냈다. 그렇게 몇 시간이 지나자 소쿠리에 조개가 가득 쌓였다. 한바탕 '뻘짓'에 지칠 대로 지쳤지만, 의외로 재미가 있었고 묘한 짜릿함마저 느꼈다. 나는 그때 고 교수님에게 갯벌의 중요성과 간척의 폐해에 대해 질문을 했다. 학부생 엑스트라 중에 유일하게 대사가 있었기 때문에 아직도 기억이 선명하다. 10번 정도 엔지를 내고야 겨우 촬영이 끝났다.

어쩌면 나는 아직도 그때 물었던 질문에 대한 답을 찾지 못한 것 같다. 그 답을 찾기 위해 지난 30년 가까이 갯벌을 찾아 헤맸고 아직도 공부하면서 끝내기 어려운 숙제를 하고 있을지도 모르겠다. 갯벌의 절대적 보존 가치를 입증하기 위한 과학적 연구 결과가 아직 충분치 않아서 그런 것 같다. 그리고 새만금 갯벌은 여전히 현재진행형이며 그 미래는 여전히 불확실하다.

1980-90년대 벤토스랩, 기억과 추억

고철환 교수님의 갯벌 생태연구 시작을 1980년대 초로 볼 때, 우리 벤토스랩은 2대에 걸쳐 대략 반세기 가깝게 우리나라 갯벌과 저서생물을 연구하고 차례차례 기록해 왔다. 갯벌 연구의 어려움은 예나 지금이나 크게 다르지 않을 것 같다. 질퍽한 뻘에 들어가서 찐득찐득

서울대 해양저서생태학 연구실(BENTHOS)을 이끈 고철환 교수와
제자들의 발자취(1981년~2000년대)

한 퇴적물 안에 꼭꼭 숨어 사는 저서생물을 눈이 빠지도록 찾고 또 잡아낸다. 지루한 생물 구분 작업과 눈이 빠질만큼 아픈 현미경 관찰을 통한 생물 동정 과정이 끝나야 우리는 비로소 군집자료를 손에 쥘 수가 있었다.

벤토스랩 큰형 최진우 박사님의 회고에 따르면 당시 엄청나게 무거운 채집 도구(삽, 그랩 등)를 버스나 택시에 싣고 다니면서 전국 바다를 수없이 돌아다녔다고 한다. 1980년대 중반에는 조하대나 동해 대륙붕 조사도 시작했는데 배를 타고 나가 사람 몸집만 한 그랩을 2-3명이 낑낑대며 내리고 올리며 힘겹게 저서퇴적물을 채취했다고 한다. 지금 학생들에게 시키면 바로 다음 날 짐을 쌀지도 모르겠다.

1990년대 중반부터는 갯벌 생태연구와 더불어 저서 환경오염 연구가 활발해졌다. 내가 학부 인턴, 대학원 석사 시기를 거친 시기인데, 당시로서는 이례적으로 큰 연구비를 수주한 고철환 교수님께서 갯벌 생태연구에서 저서퇴적물 오염연구로 확장했던 시기다. 학생들도 더 바빠졌다. 예전의 저서생태 군집 연구는 기본, 저서퇴적물 내 오염물질 화학분석과 생물 영향평가까지 해야 할 일이 더 많아졌기 때문이다. 한편 새로운 실험을 배우기 위해 미국으로 연수를 떠나는 행운도 따랐다. 나는 미국 미시간주립대 동물학과의 존 기지 교수님 연구실로 실험 연수를 갔고, 그곳에서 화학분석과 생물검정법을 배울 수 있었다. 지금 돌이켜보면 내 인생 두 번째 터닝포인트이자 로또였다.

1990년대 실험실 맏형이었던 현재 해양과학기술원에 재직 중인 강성길 박사님은 당시를 '좌충우돌' 시기라고 회고한다. 나와 많은 선후배는 외국에서 다양한 선진 방법론을 배웠고, 실험실로 돌아와 우리만의 실험방법을 정착시켰다. 지금 우리 벤토스랩의 학문적 근간과 철학은 이때 더욱 단단해진 것 같다. 바로 내가 지금 지향하는 융합해양학의 서막은 이때 시작된 것 같다.

2000년대 이후 랩토스랩, 그리고 현재

2000년대에도 갯벌 생태연구는 계속되었다. 오염연구로 잠깐 주춤했던 생태연구가 2000년대 초반 활기를 되찾았다. 나는 박사 초반까지 진행했던 저서퇴적물 오염연구를 마무리하면서 2002년부터 갯벌 미세조류 생태연구에 본격 뛰어들었다. 당시 저서미세조류 연구팀은 지금의 안양대 류종성 교수가 저서생태 군집, 한국해양대 박진순 교수가 규조류 분류, 내가 미세조류·퇴적물 재부유, 그리고 군산대 권봉오 교수가 일차생산력을 맡아 공동으로 진행했다.

나는 권봉오 교수의 저서미세조류 생산력 연구를 지원했다. 처음에는 대수롭지 않게 생각했는데 얼마 지나지 않아 큰 난관에 부딪혔다. 당시로는 그야말로 거금이라 할만한 400만 원을 들여 구매한 산소 미세전극 센서 2개를 우리는 개봉 후 2시간 만에 모두 깨뜨리고 만 것이다. 센서 끝부분이 10마이크로미터 크기로 매우 미세한데, 이 센서를 거친 퇴적물 표층에 꽂으면서 센서 끝이 부러진 것이다. 아차 싶었다. 우리는 벤토스랩을 떠날 마음의 각오까지 하고 고철환 교수님께

BENTHOS
Laboratory of Marine Benthic Ecology
since 1981

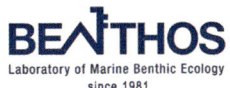

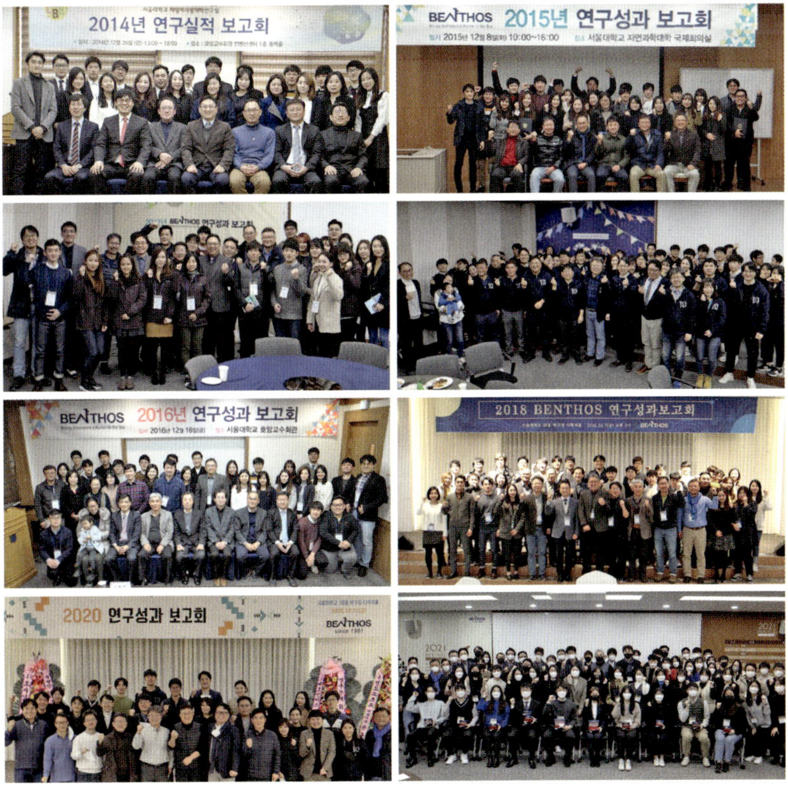

BENTHOS 연구성과보고회, 2014년 공식적으로 시작하여 매년 개최, 현재 8개 연구실 참여

이실직고했다. 위기는 기회라고 했던가, 고철환 교수님께서는 크게 대수롭지 않다는 듯 타이르듯 말씀하셨다. 그 대신 우리는 엄청 어려운 숙제를 받았다. 우리는 센서를 직접 제작해야 했고, 비록 나는 박사학

갯벌 블루카본의 주인공 저서미세조류(규조류)	
에피소드1	에피소드2
박사과정 시절 후배와 함께 규조류 일차생산력 측정 실험을 할 때다. 규조류가 '낮'과 '밤'에 광합성을 어떻게 하는지 알아봤다. 암실을 만들고 빛 조건은 전구를 On/Off 자동 설정해 낮과 밤을 재현했다. 그런데 놀랍게도 Off(밤) 상태에서 규조류가 광합성을 하고 있음을 알게 되었다. 알고 보니 전구가 깨지는 바람에 낮 조건이 밤으로 바뀐 것이었다. 우리는 규조류가 광합성을 한 '밤' 시간이라도 현장의 '낮' 시간에 무의식적으로 한다는 새로운 사실을 깨닫게 되었다. 이렇게 우연한 계기로, 실수로, 우리는 규조류의 '바이오리듬' 현상을 세계 학회에 최초로 보고했다.	2015년 순천에서 '갯벌복원 심포지움'을 마치고 지역 주민들과 순천만 갯벌을 둘러볼 때다. 따뜻한 봄을 만끽하듯 갯벌 표층에는 '규조꽃'이 가득 피어오르고 있었다. 그때 내 뒤에서 여기저기 웅성거리는 소리가 들렸다. "어 갯벌이 썩었네요?" 갯벌이 거무칙칙한 데다 개흙도 똥색으로 보이니 그럴 만도 했다. 나는 갯벌이 썩은 것이 아니라 표층에 사는 규조류가 가진 규조소라는 색소체 때문에 누런 갈색빛을 띠는 것이라고 설명해줬다. 규조류는 썰물 때 갯벌이 햇빛에 노출되면 빛을 따라 수직 이동해서 퇴적물 표층으로 올라와서 광합성을 한다. 누런 똥 색깔의 갯벌은 규조류의 일차생산력이 매우 높은 매우 건강한 갯벌로 많은 저서무척추동물의 훌륭한 먹잇감이 되는 고마운 친구다.

위를 마치면서 마무리를 함께 하지는 못했지만, 권 교수는 그 이후로도 몇 년을 더 고생하여 마침내 우리만의 산소 미세전극 센서를 성공적으로 만들었고 특허도 등록했다. 권 교수는 그 덕에 지금도 미세전

극 센서의 국내 일인자로 통하고 있다.

나는 2007년 캐나다 유학 이후 2009년 고려대에서 교편을 잡으면서 다시 고국으로 돌아왔다. 그리고 또 몇 년이 지난 2012년 마침내 고향인 서울대 벤토스랩으로 돌아올 수 있었다. 지난 15년간 지속해 온 황해 생태계 연구나, 2017년 이후 본격적으로 시작한 해양생태계서비스와 블루카본 연구 등 모두 K-갯벌의 다양한 기능과 가치에 관한 연구들이다. 2021년 시작한 '해양환경영향평가연구단'과 2022년 시작한 2단계 '블루카본사업단' 역시 그 연장선에 있다. 그렇게 갯벌은 나의 평생 동반자이자 친구이자 애인이 되었다.

— Chapter 4. 숙제와 도전 —

4
경계를 허문
융복합 해양학 연구

　해양학 입문 30년이 훌쩍 지났다. 막연했던 해양학은 구체화 됐고 그간 성과도 꽤 있었다. 그 성과를 돌아보니 두 개의 키워드가 떠오른다. 바로 '융합'과 '복합'이다. 그리고 그 중심에 '소통'의 철학을 늘 고민해왔다. 지금 내가 추구하는 '융복합 해양학'은 혼자서 할 수 없었기 때문이다.

　나는 '생물해양학자'다. 좀 더 정확히는 우리 연구실 이름처럼 '해양저서생태학'을 공부했다. 저서생물, 즉 해양저서무척추동물과 저서미세조류 등을 대상으로 분류, 생태, 생리, 독성 등에 대해 비교적 폭넓은 생물과학 분야의 개념과 툴을 적용해서 해양생물이 환경에 어떻게 잘 적응하면서 살아가는지를 연구했다. 해양생태학자로서 바다와 해양생물을 열심히 관찰하고 키우고 괴롭히면서 바다에서 벌어지는 생태적 현상의 규칙성과 불규칙성을 찾고 그 원인을 규명하기 위해 노력했다. 그 과정에서 나는 지난 30년간 수많은 타 학문 분야의 전문가들을 만났고, 늘 새로운 시각과 원초적 질문에 좌절했고 또 도전하며 일어섰다. 그렇게 바다와 사람과 소통하면서 나는 '융복합 해양학'에 점점 빠져들었다. 엉뚱하게 시작된 나의 융복합 해양학 연구의 한 단면을 되돌아봤다.

'해양학'의 특수성과 매력

해양학은 무지개 스펙트럼처럼 다면적 특성을 갖는다. 해양학은 크게 볼 때 지구과학에 속하지만, 바다의 모든 자연현상이 대상이므로 물리학, 화학, 생물학, 수학(통계) 등과 같은 순수 기초학문 분야와 모두 관련이 있다. 과거 해양학이 크게 '물리해양학', '화학해양학', '지질해양학', 그리고 '생물해양학'이란 4개 범주로 나누었던 것도 같은 맥락이라 하겠다. 지금의 학부 커리큘럼도 이 체계를 크게 벗어나지 않고 있는 이유다. 한편 해양학은 기상, 기후, 천문, 수리, 수문, 지리, 지형, 환경과학 등 지구과학 영역의 타 학문 분야와도 밀접하다. 그래서 해양학을 '종합과학'이라 부르며 그만큼 어렵기도 하다.

앞서 나는 '생물해양학자'라고 했다. 종종 '해양생물학자'라고도 하는데 엄격히는 틀린 말이다. 생물해양학자는 해양학자, 해양생물학자는 생물학자라고 하면 더 쉽게 이해될 것 같다. 즉, 생물해양학자는 바다 현상을 설명하는 것이 목적이다. 반면, 해양생물학자는 연구 대상

생물만 해양생물일 뿐 바다 현상에는 큰 관심이 없다. 물론 연구방법론이나 세부 기술(도구)에 있어 큰 차이는 없다. 생물해양학자도 해양생물학자처럼 생태, 분류, 계통, 진화, 생리, 독성, 유전, 세포, 분자, 미생물, 생화학 등 매우 다양한 생물과학 분야를 모두 다루기 때문이다. 결국, 두 학문 간 차이는 질문, 접근법, 해석과 의미 부여 등 '철학'적 부분이 크다고 하겠다.

한편, 해양학은 기초학문 특성 외에도 공학, 경제학, 인문·사회학, 정책학, 법학 등 타 범주의 기초 및 응용학문과도 소통한다. 최근에는 고전적인 해양학 연구에 첨단 과학기술 분야인 인공지능(AI), 빅데이터, 나노, 에너지, 스마트수산, 우주 등이 결합되면서, 해양학의 변신과 새로운 비전에 관심이 높아졌다. 이쯤 되면 해양학은 명실상부 종합학문이라 할만하다. 이제 미래 해양학 연구를 논할 때 '융복합'이란 키워드는 필수가 됐고, 가장 매력적인 학문 분야로 성장해 나갈 것임을 확신한다.

바다가 화가 많이 났다. 산업혁명 이후로 인간의 개발 욕구는 지구를 그리고 바다를 모두 망가뜨렸다. 2021년 '한국과학기술한림원'이 주도한 '국제한림원연합회'의 '해양환경보호 성명서'는 바다를 살리자는 간절함을 담아 주요 '해양 난제'에 대한 글로벌 실천 강령을 제안했다. △해양 건강성 악화 △서식지 파괴 △환경오염물질 △기후변화 △남획이란 5대 해양 난제를 전 지구인이 함께 고민하고 해결해야 함을 전 세계 과학계에 알렸다. 과학자의 역할도 더 커졌다. '융복합' 해양학

연구가 더 절실한 이유다.

해양학과 물리학의 엉뚱한 만남

나는 해양학 박사과정을 마치고 2007년 겨울왕국 캐나다로 향했다. 석사 과정 때 인연을 맺은 기지 교수님의 러브콜로 사스캐처원대 독성센터 연구원으로 가게 된 것이다. 그곳에서 운 좋게 엉뚱한 천재 물리학자를 만나게 되었다. 고체물리학을 공부하던 물리학과 장갑수 교수님이 주인공이다. 그 엉뚱한 인연이 이제 15년을 훌쩍 넘었고, 나는 그와 함께 지금 융복합 해양학 연구에 심취해 있다.

장갑수 교수님과의 인연과 공동연구의 배경은 앞서 간략히 언급했다. 우리의 공통된 관심은 왜 어떻게 물질이 생물에게 특정 반응을 일으키는 것인가라는 원초적 질문이다. 의학, 약학 분야에서 흔히 말하는 '독성'이다. 어떤 물질이 독성이 있는지, 있다면 어느 정도인가에만 몰두했던 당시의 내게 독성이란 것이 도대체 뭔지, 왜 생물에게 독성을 일으키는지에 관한 근본적 질문은 당황스러웠다. 우리는 수없이 많은 맥주와 노가리를 껴안고 서로가 미울 정도로 농반진반으로 끝이 안 보이는 토론과 논쟁을 이어갔고, 결국 둘 다 지친 우리는 공동연구로 합의점을 찾았다. 또다시 새로운 융복합 해양학 연구가 시작되었다. 해양학자와 물리학자의 조합은 누가 봐도 이상하긴 했다.

그러나 아쉽게도 공동연구는 선행연구 고찰, 실험 디자인 수립, 예비 실험까지 진행된 후 시계 밥 떨어지듯 멈춰 섰다. 내가 2009년 급작

해양생태학-물리학 융합 연구를 위한 ALS 및 PLS 방문

스럽게 국내로 직장을 옮기게 되면서 물리적으로 연구를 진행할 수 없었기 때문이다. 약 1년간의 공동연구도 사실 쉽지는 않았다. 실험 디자인 설계부터 의견이 팽팽하게 맞섰고, 분석 항목 결정과 본 실험을 준비까지 익숙하지 않았던 양보와 타협도 필요했기 때문이다. 우리를 도와줄 대학원생, 포스트닥 연구원을 설득하는 일만으로도 나는 시작부터 지쳤다. 설상가상 당장 실험비도 연구과제도 없었고, 성공하리란 보장은 사치였다. 어쨌든 연구는 중단됐고, "다음에 식사 한번 하자"는 말처럼 차츰 잊혀갔다.

공동연구 재기, 그리고 기대 이상의 성과

그런데 2017년 가을 어느 날 역시 장갑수 교수님으로부터 뜬금없는 전화가 왔다. 사실 공동연구는 중단됐지만, 가끔 소식을 전하는 친한 형과 동생 관계로 긴 시간의 인연을 이어오고 있었다. 그런데 대뜸 2018년 여름부터 안식년으로 한국에 1년간 들어온다는 반가운 소식이자 통보를 받았다. 나는 아쉬움에 "어 서울대 안 오시고? 배신이야"라고 대꾸했다. 우여곡절 끝에 장 교수님의 안식년은 연구전쟁터로 바뀌었고 전장은 바로 서울대가 되었다. 나는 신이 났다. 그사이 운 좋게도 한국연구재단 '중견연구자지원 사업'과 '해외우수과학자유치사업'도 함께 선정됐기 때문이다. 재정적으로 연구 여건이 마련됐고 공동연구는 순항할 수 있었다.

우리는 당시 국내 해양오염의 주범으로 확인된 석유·연소 기원의 유기화합물인 '다환방향족탄화수소(polycyclic aromatic hydrocarbons, PAHs)'를 대상 물질로 선정해서 다시 도전을 이어갔다. 유류 분해나 유기물의 불완전 연소를 기원으로 하는 대표적인 발암물질로 구조가 다른 수백 개의 물질이란 점에서 모델 물질로 적합하다고 판단했다. PAHs는 내가 석사, 박사 때 생태독성 실험과 화학분석을 해봤던 물질이라 익숙하기도 했다.

우리는 역할 분담에 쉽게 합의했다. 장갑수 교수님 연구실에서는 대상 물질의 X-선 흡수 분광학적 특성을 분석하여 '제1 원리'라 불리는 물질의 물리·화학적 성질을 계산했다. 나는 PAHs를 다양한 생물에 노출시켜 독성의 유무와 크기를 파악하는 생물검정 실험에 착수했다. 우리는 물리·화학 자료와 독성 자료를 함께 분석해서 PAHs의 '제1 원리 기반 밀도 범함수 이론(Density functional theory, DFT)'을 기반으로 하는 새로운 독성 예측 모델을 성공적으로 만들었다.

물질마다 다른 독성, 왜? 글러브에 꽂힌 볼!

수많은 시행착오가 있었다. 우리는 13종의 PAHs에 대해 기초적인 물리·화학적 성질을 계산해 냈고, 대상 물질 모두 예외 없이 서로 다른 특성을 가진다는 사실을 확인했다. 당시 우리는 안도의 한숨과 함께 쾌재를 불렀다. 예측한 대로 생각한 대로 결과가 나와주어 너무 다행이었다. 즉, 물질 간 독성을 일으키는 물리·화학적 특성이 다르고 그 특성을 결정하는 전자의 힘과 방향이 서로 다르다는 것이 증명되었다. 그리고 그 독성 예측값이 실제 독성의 크기와 정확히 일치한다는 믿기 어려운 진실을 밝혀낸 것이다.

해당 연구 결과를 '야구'에 빗대면 좀 더 쉽게 이해될 것 같다. 물질의 독성이 발현되려면 물질이 생물체 내 수용체와 결합해야 한다. 물질을 '볼', 수용체를 '글러브'로 생각해 보자. 투수가 던지는 구종은 '패스트볼', '커브', '슬라이드', '포크볼' 등 다양하고, 포수의 글러브에 꽂힌 볼의 모양, 속도, 방향 역시 모두 다를 것이다. 마찬가지로 각 물질(볼)이 수용체(글러브)에 결합할 때의 물질의 힘(쌍극자 모멘트), 방향(각도) 등에 차이가 있고, 그 차이가 결국 독성 유무와 크기를 결정한

유해물질의 물리화학적 특성과 수용체 결합 모식도 (야구에 비유)

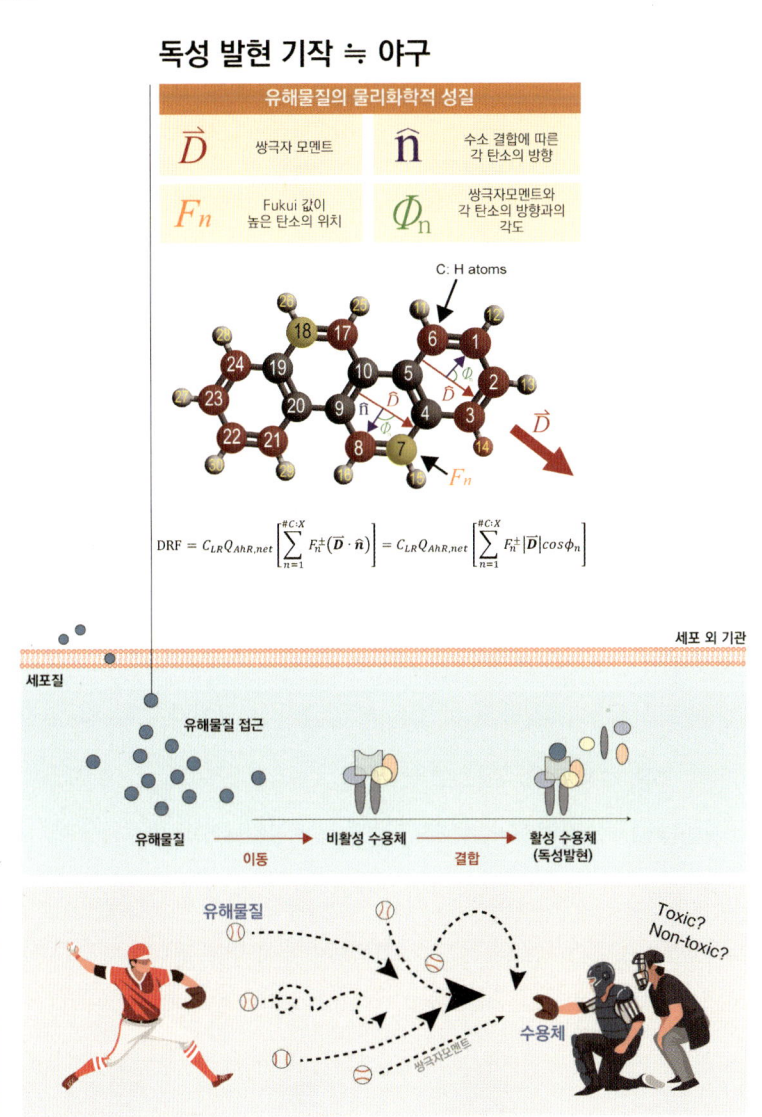

Chapter 4. 숙제와 도전

다는 놀라운 어쩌면 당연한 사실을 찾아낸 것이다. 우리는 그 관계를 나타내는 새로운 독성 예측 모델을 'DRF(Directional Reactive Factors)'로 명명하고 꽤 유명한 저널에 게재하게 되었다. 해당 연구는 2022년 과학기술정보통신부가 선정하는 '국가 연구개발 우수성과 100선'에 당당히 이름을 올렸다. 첫 융복합 해양학 연구성과는 기대 이상 컸다.

우리 연구 이전에도 물질의 독성을 예측하는 연구는 독성학자들에 의해 오래전에 시작되었다. 특히, 신약을 개발과 관련된 약학(천연물화학)이나 인체 독성을 연구하는 의학(보건학) 분야 등에서도 다양한 독성 예측 모델을 개발하고 제시해 왔다. 상용화된 모델도 꽤 있어 신약 개발에 이용되기도 한다. 그런데 기존 독성 모델과 우리의 DRF 모델 간에는 큰 차이가 있다. 다시 야구에 비유해 보자면, 기존 독성 모델이 '직구'와 '변화구' 정도의 차이에 기반해서 독성을 예측했다면, 우리의 DRF 모델은 위에서 언급한 좀 더 많은 구질의 미세한 차이를 갖는 구질을 모두 고려해서 독성을 예측했다는 점이다. 그만큼 물질의 독성 예측 정밀도가 향상된 셈이다.

이번 연구 결과의 파급효과가 상당히 크다고 본다. 예를 들면 신약 개발에 있어, 후보군 물질의 기초연구에 드는 고가의 스크리닝 연구비를 크게 줄일 수 있다. 그 외에도 물질의 합성이나 분리, 그리고 사후 예방과 관리 등에 드는 천문학적 경비와 불필요한 연구 시간을 크게 단축할 수 있는 장점이 있다.

2022년 그리고 2024년에도 장갑수 교수님은 안식년과 방학을 맞아 서울대로 다시 돌아왔고 우리의 공동연구는 여전히 순항 중이다. 최근 또다시 운 좋게도 두 번째 '중견연구자지원 사업'과 두 번째 '해외우수과학자유치사업'가 잇따라 선정되면서 감사한 기회가 이어지고 있음에 행복하다. 앞선 첫 번째 공동연구가 수용체에 유해물질이 다가가는 힘을 계산하고 예측했다면 이번 두 번째 공동연구는 물질이 수용체에 달라붙는 확률까지 계산하는 것이 목표다. 우리는 이번 모델을 'DBF(Directional Binding Factor)'로 명명할 생각이다. DRF와 DBF를 연계하면 유해물질의 독성 예측은 더 높은 정확도를 갖게 되리라 확신한다. 기회가 된다면 최첨단 AI 기술까지 접목할 생각이다.

최첨단 융복합 해양학 연구, AI도 한몫?

2022년 말 OpenAI가 개발한 ChatGPT가 출시되고 세계적 관심을 끈 바 있고, 이제는 상용화되어 누구든지 쉽게 이용하고 있다. 해양학 분야에서도 기후변화, 생태계 예측 등 불확실성이 큰 이슈와 각종 해양 난제를 이해하고 해결하고자 AI가 속속 도입되고 그 결과도 제법 나오고 있다. 최근 국내 해양 분야 AI 관련 연구논문 수는 지난 5년간 수백% 증가하였다. 중국과 비교하면 1/8 수준으로 아직 갈 길이 멀지만, 고무적 성과임이 분명하다. 이제 고전적, 전통적 해양 연구 방식에서 벗어나 최첨단 AI 기술을 접목한 융복합 해양학 연구 시대가 열렸다.

분야를 좁혀, 해양환경영향평가 역시 AI 기술 적용이 가능한 분야로 생각된다. 해양 이용 개발 압력이 증가하면서 해양환경 오염과 해양

해양+AI 관련 연구개발 동향

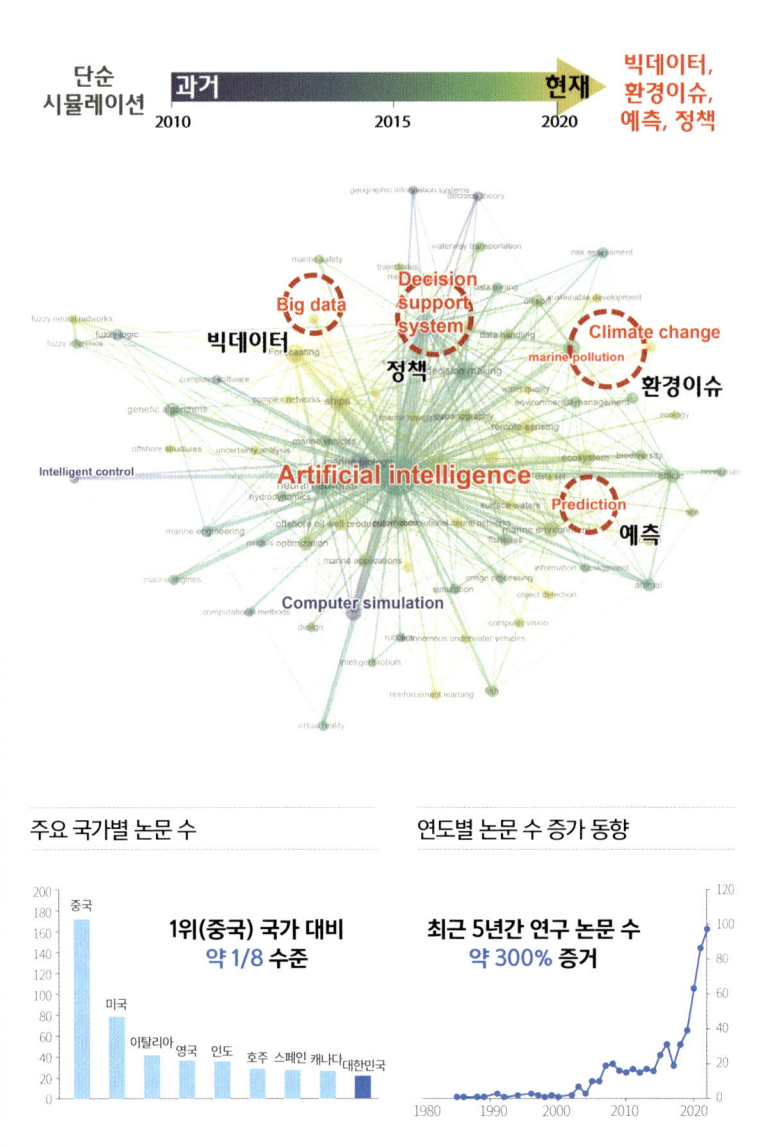

생태계 훼손 가능성은 점점 커지고 있다. 2009년 1,663건이었던 해역이용협의 영향평가는 2019년 2,401건으로 급격히 증가했다. 2017년 기준 해상풍력발전기는 1.2GW였으나 2030년 17.7GW까지 설치될 예정이다. 이와 같은 해양의 이용압력은 광범위한 생태계 영향을 초래할 수 있고, 그래서 새로운 진단, 예측 기술 도입이 더욱 중요해졌다. 우리 연구진도 2023년 시작된 해양수산부의 빅데이터 기술개발 사업에 참여 중이다. 우리는 곧 빅데이터와 AI 기술을 이용해서 해양생태계의 복잡한 변동을 정확하게 예측할 수 있는 새로운 모델을 제시할 예정이다. 쉽지 않은 또 다른 새로운 융복합 해양학의 한 걸음을 내딛기를 바란다.

융복합 해양학 연구의 성공 열쇠는?

융복합 해양학 연구는 성격상 해양학 개별 분야 연구보다 성공할 확률이 낮다. 연구 자체의 어려움 외에도 연구자 간 눈에 보이지 않은 소리 없는 전쟁까지 치러야 하는 이중 부담이 있기 때문이다. 융복합 연구의 성공은 결국 연구 주체 간의 '개방'과 '수용'에 달려 있다고 해도 과언이 아니다. 결국 '소통'이 열쇠인 것 같다. 서로 자주 이야기하고 의견을 교환하고 즐거운 대화를 이어가는 것이 홀로 고민하는 것보다 빠르고 정확하게 답을 찾을 수 있음은 자명하다.

내게는 '숫자 개똥철학'이 있다. 그중 하나가 '51 vs. 49'다. 풀어서 51을 주고 49를 갖는 것이다. 사실 매우 어렵고 용기도 필요해서 그동안 나만의 약속을 잘 지키지는 못했던 것 같다. 상대방에 대한 존중,

배려, 포용, 그리고 서로의 화합을 위해 1만 양보하면 되는 어찌 보면 쉬운 약속인데 말이다. 나라 안팎으로 어렵고 험난한 해결할 해양 난제가 너무 많아졌다. 융복합 해양학 연구의 열쇠인 '소통'을 위해서 1만큼 서로 양보하는 노력이 더 많아졌으면 하는 바람이다.

Chapter 4. 숙제와 도전

⑤
해양과학의 대중화 소명

　2009년 고려대에서 교편을 잡고 시작했던 첫 학기 강의는 공교롭게도 학부 때 전공했던 해양학, 생물학이 아닌 '화학' 관련 교과목이었다. 나의 첫 대학 연구실 이름도 '환경화학연구실'이었다. 그래서 일반화학부터, 유기화학, 분석화학, 환경화학에 이르기까지 모든 강의 교과목과 연구과제까지 '화학'이 중심이 되었다. 그래서 나의 첫 대학 교수로서의 생활은 좌충우돌 그 자체였다. 왜냐하면 나는 정확히는 화학을 조금 아는 '생물해양학자'였기 때문이다.

　바다가, 해양생물이 좋아서 해양저서생태학 연구실에 들어갔는데 막상 내가 받은 석사학위 논문 주제는 해양오염물질의 분석과 생물독성 평가였다. 혼란스러웠다. 그러나 위기는 기회라 했던가, 당시 해양환경 분야의 핫이슈로 떠올랐던 환경호르몬 연구는 생각보다 재미있

2001년 국제 다이옥신학회 우수 발표상 수상 기념 촬영.
(아래 왼쪽부터) 고철환 교수님, 지순희 선생님, 칸난 박사님, 기지 교수님

었다. 게다가 나는 덤으로 일생의 멘토가 된 당시 미시간주립대 동물학과에 재직 중이던 환경독성학분야의 세계적인 대가 기지 교수님과 또다른 세계적인 환경화학자 칸난 교수님과 인연을 맺었으니 말이다. 나는 석사부터 박사 2년 차 때까지 약 3~4년간 미국과 한국을 오가며 객원연구원으로 지내면서 환경독성학과 환경화학을 부전공 수준으로 마스터할 수 있는 감사한 기회를 가질 수 있었다. 그 덕에 나는 '화학자'로서 첫 직장생활을 고려대에서 시작할 수 있었던 것 같다. 그러다 박사 중반 이후 고철환 교수님과 함께 공부했던 해양저서생태학 연구가 지금의 생물해양학자의 뿌리가 되었고, 나는 지금 모교에서 고철환

교수님을 이어 2대째 '갯벌생태학' 연구에 여념이 없다. 앞서 언급했던 융복합해양학도 결국 과거 다른 분야에 관한 공부가 없었다면 불가능한 도전이었을 것으로 생각한다. 그래서 위기는 항상 소중한 기회로 돌아온다는 사실에 의심이 여지가 없다.

내가 '바다과학기행'을 강의하는 이유

2012년 고철환 교수님의 벤토스랩을 이어받은 지 12년이 지났다. 나는 그동안 해양학, 생물해양학, 해양저서생태학, 해양오염론 입문, 환경해양학 등을 강의해 왔다. 그런데 지금 내가 가장 애착을 갖는 교과목은 전공과목이 아니다. 바로 2016년 서울대 학부생 전체를 대상으로 개설한 '바다과학기행'이란 기초교양과목이다. 2015년 대학에서 신규교과목 개설 문의가 있었고, 나는 주저 없이 '바다과학기행'을 신청했다.

나는 '바다과학기행' 교양과목을 개설하면서 전공과목과 차별화된 교육 전략으로 복잡하고 어려운 세가지를 없앴다. 일명 '三無' 전략이다. 첫째 이 교과목은 교과서가 없다. 무거운 대학 교재를 들고 다니지 않아도 되는 편안하고 만만한(?) 강의다. '바다과학기행'은 말 그대로 바다를 여행하듯 편하게 보고, 듣고, 그냥 느끼면 되는 수업이 되기를 바랐다. 내가 지난 30여 년간 전국 바다를 돌아다니면서 찍었던 수십만 장의 사진과 동영상이 모두 강의재료다. 나는 그냥 사진과 기억을 따라 대본 없는 스토리를 쉬운 말로 풀어나간다. 한 학기가 끝

2016년에 진행한 바다과학기행 강의

날 즈음에는 학생들 머릿속에 서해, 남해, 동해를 따라 대략 30여 곳 이상이 자리잡게 된다. 바다의 가치와 중요성은 저절로 느낄 수 있다.

둘째, '바다과학기행' 수업에는 중간고사가 없다. 대신 학생들은 수강 기간 내에 바다를 다녀와야 한다. 개인 혹은 팀별로 다녀온 바다를 주제로 기행문을 작성하는 것으로 중간고사를 대체한다. 바다의 가치와 의미를 자기 언어로 풀어보라는 취지이고, 학생들의 호응도는 늘 컸다. 혹 사정이 있어 바다를 다녀오지 못할 때는 이전에 다녀왔던 바다를 떠올리며 기행문을 쓸 수 있게 했다. 그래서 수업을 들으면서 꼭 바다에 가야 하는 부담은 없다.

셋째, 내 강의에는 골치 아픈 수식이 없다. 해양과학도 기초과학이라는 점에서 전공과목을 강의할 때는 계산과 통계가 기본적으로 나오고 학생들은 수많은 수식 때문에 머리가 아프기도 할 것 같다. 하지만 '바다과학기행'은 교양과목인 만큼 복잡한 수식과 전문용어를 거의 쓰지 않는다. 바다에 대한 일반상식 수준에서 그저 바다를 바라보고, 느끼고, 느낀 만큼 이해했다면 그것으로 충분하다고 생각하기 때문이다.

그렇게 어느덧 '바다과학기행'을 강의한 지 10년째가 되었다. 2020년 안식년을 제외하곤 매년 강의를 개설해 왔고, 거의 모든 단과대(15개) 학생들이 한 학기에 많게는 100명 이상 본 교과목을 수강했다. 처음에는 배경, 관심, 지식도 제각각인 학부생에게 어떻게 바다의 가치와 중요성을 알기 쉽고 깊이 있게 전달할 수 있을지 걱정과 우려도 컸다. 하지만, 바다의 힘은 역시 강했다. 넓고 깊고 푸르고 포근하고 아름다운 우리나라 바다를 누가 마다하랴! '바다과학기행' 강의는 그렇게 순풍에 돛단 듯 순항했고, 지금까지 수백명의 수강생을 배출했다. 수강생 대부분 졸업 후에 각자의 분야로 진출해서 해양학을 전공하는 이는 적겠지만, 그들은 친구, 가족, 또는 미래의 자식들에게 우리나라 바다의 가치와 중요성을 잘 설명해줄 수 있으리라 확신한다.

내가 열심히 글을 쓰는 이유

나의 해양과학 대중화 바람은 학교 내의 소극적 실천에 한동안 머물러 있었다. 그런데 몇 년 전에 좀 거창한 '소명' 의식으로 진전되는 계기가 있었다. 2019년 봄, 호주 그리피스 대학으로 안식년을 가기 위한 준비로 한창 들떠 있을 때다. 우연히 네이버 포스트 '동그람이'란 커뮤니티의 작가로부터 바다와 해양생물을 주제로 한 연재를 부탁받았다. 어차피 안식년 동안이면 평소보다 약간 여유가 있을 것 같아 큰 고민 없이 수락했다. 연재 제목은 쑥스럽지만, 작가님이 제안했던 '김종성의 어서오션'으로 정했다. 취지는 말 그대로 어서 와서 우리 바다 이야기를 들어보라는 것이었다. 그렇게 한 달에 한 번씩 나는 우리 바다와 우리 생물에 관한 이야기를 우리말로 쓰기 시작했다. 나름대로 시기와 이슈도 고려해서 걸맞은 주제를 선정하려 노력했고, 무엇보다 최대한 과학적 사실과 최신 자료에 근거하여 1년간 12가지 이야기를 어렵사리 마쳤다.

결과는 생각했던 것보다 크고 무거웠다. '좋아요', '댓글'도 수백

네이버 포스트 연재 '김종성의 어서오션'

개 이상씩 달렸고, 주변에서 연재를 잘 봤다는 이야기도 차츰 들려왔다. 어떤 행사에 참여했을 때 "연재를 잘 보고 있다", "만나고 싶어 왔다"는 시민들도 나타났다. 내 주변의 절친한 동료 과학자들도 해양과학을 대중에게 알리는 일을 격려하고 응원해 줬다. 예상치 못한 반응과 기대치 않은 호응에 두 번 놀랐다. 나는 이렇게 바다를 조금씩 알리는 일에 빠져들게 됐고, 이제 멈추기 어려워졌다.

사실 강의, 대학원생 연구지도, 영어 논문 쓰기만도 벅차고 힘든데, 작가도, 기자도 아닌 내가 우리말 글쓰기를 이렇게 고집스럽게 하는 것은 결코 만만한 일이 아니다. 더구나 우리말 글쓰기는 영어 논문 작성보다 더 어렵다. 우리말이기 때문에 더 쉽고 명확하게 써야 한다는 강박감과 평생 기록으로 남는다는 압박감, 그리고 딱히 고쳐주는 이도 없어서 부담이 매우 크다. 학생들과의 만남과 연구 시간이 줄어드는 것도 큰 문제다. 과연 두 마리 토끼를 잡을 수 있을지도 여전히 의문이다. 그렇지만 우리말 글쓰기는 해양과학 대중화를 위해 꼭 필요하고 또 누군가는 해야 함은 분명하다. 그래서 포기도 회피도 할 수 없는 족쇄가 되어 버렸다. 지금 내가 이 글을 또 열심히 쓸 수밖에 없는 이유다.

우리나라의 해양과학 기술 수준과 그 위상은 꽤 높아졌다. 최근 학술 데이터 통계를 보면 국내 해양학자에 의해 게재된 우수한 연구는 꾸준히 증가추세를 보인다. 그런데 국내 연구 성과는 그만큼 주목받지 못해왔고, 국민 일부분만 인지하고 있는 것 같다. 왜 해양과학은 바다가 미래라고 할 만큼 바다가 중요해진 작금에도 이런 푸대접을 받는 것일까?

우리나라 대학에 해양학과가 생긴 지 반세기가 훌쩍 지났고, 현재는 전국 20여 개 해양과학 관련 학과에서 매년 수백 명의 해양과학도가 배출된다. 해양과 수산을 주관하는 '해양수산부'를 중앙 부처로 가진 몇 안 되는 나라가 대한민국이다. 해양수산부 연구개발 예산이 연 1조 원(정부 연구개발 총예산의 약 3%) 시대를 코앞에 두고 있다면 선진국도 놀랄 일이다. 그러나 아직도 해양과학은 대중화되었다고 말하긴 이르다. 해양과학계의 역사, 문화, 여건, 연구개발 예산은 이미 선진국 수준에 들어선 지 한참 지났는데 말이다. 결국 해양과학자와 일반 국민과의 공감과 소통의 부재가 해양과학에 대한 무관심을 초래했음을 부인하기 어렵다. 바다의 가치와 중요성이 그 어느 때보다 커지는 요즘이 바로 이를 극복할 기회인 것 같다. 우리 해양과학자가 일반 국민의 눈높이에서 바다에 관한 관심과 애착을 끌어낸다면 대한민국 해양과학의 위상은 세계로 뻗어나갈 수 있다고 확신한다.

언론이 주목한 해양수산부의 최근 우수 연구성과

2022년 해양수산부의 중요한 연구개발 사업 하나가 종료되었다. 2017년부터 5년간 진행된 '생태계기반 해양공간분석 및 활용기술 개발' 사업이다. 해당 사업은 우리나라 전국 바다를 효율적으로 관리하기 위한 시스템 구축을 목표로 시작되었다. 우리 연구진은 해당 사업에 참여하여 전국 갯벌 생태계서비스 가치가 연간 18조 원에 이른다는 놀라운 사실을 밝히는데 기여했다. 특히, 해당 연구는 방법론 부재로 과거 접근조차 어려웠던 다양한 해양생태계서비스 항목을 포괄적으로 평가했다는 점에서 세간의 주목을 받았다. 또한 서비스 대상 서식처(환경)를 갯벌, 해중, 하구, 사퇴, 해빈으로 세밀화하고, 연안에서 EEZ를 포함하여 우리나라 바다의 가치를 전국 단위에서 세계 최초로 평가했다는 점에서 매우 고무적 성과로 평가된다.

그런데 상기 과제는 1단계 5년간의 연구를 끝으로 종료되었다. 다시 말해 후속 과제 없이 종료되었다. 연구의 최종 성과물인 해양공간계획을 위한 의사결정시스템이 만들어진 것은 큰 과학적 성과다. 하지만 국가 차원에서 해양공간관리가 툴로 자리 잡기 위해서는 고도화 연구가 꼭 필요하다. 후속 연구가 무산된 것은 아쉬운 대목이다. 지금이라도 2단계 연구가 다시 시작되기를 바란다.

한편, 위 사업과 동일 기간 진행된 해양수산부의 '국내 블루카본 정보시스템 구축 및 평가관리기술 개발'사업은 2단계 후속 연구 진입에 성공했다. 해당 사업은 지난 5년 전국 연안을 대상으로 블루카본 현황을 조사하고 이를 정보시스템으로 만들어 향후 기후변화 적응체계를 구축하는 것을 목표로 진행되었다. 우리 연구진도 해당 사업에 참여하여 세계 최초로 우리나라 갯벌이 가진 탄소흡수 잠재력과 국내 갯벌의 블루카본으로서의 탄소저장량을 산출하는 결과를 발표했다. 갯벌을 비롯한 연안의 블루카본이 국가 온실가스 통계에 진입할 수 있는 과학적 근거가 확보됐다는 점에서 고무적 성과로 평가되었다.

나는 현재 후속 과제인 '블루카본 기반 기후변화 적응형 해안조성 기술개발'사업의 연구책임자를 맡고 있는데, 2단계 사업은 블루카본 사이언스 고도화 연구와 함께 기후변화 대응을 위한 한국형 리빙쇼어라인 기술을 개발하는 것을 목표로 연구가 진행 중이다.

2022년 6월 부산에서 제2회 해양조사의 날을 맞아 조촐한 기념식이 있었다. 내게 초청강연의 기회가 주어졌고, 나는 '한국의 블루카본 사이언스'를 주제로 블루카본 2단계 사업에 대해 소개를 할 수 있는 시간을 가질 수 있었다. 전 세계가 주목하고 있는 탄소감축원인 블루카본을 해양조사학과 연계해야 함을 피력했고, 미국 NOAA가 표방하고 있는 리빙쇼어라인을 한국형 공법으로 새롭게 탈바꿈할 것을 제안했다. 'K-리빙쇼어라인'은 탄소흡수력 배가는 물론, 연안침식 방지와 해양생물다양성 회복까지 아우르는 기후변화 대응 토탈솔루션으로서 개발해야 함을 강조한 것이다. 그 이후 우리 연구진은 전국 각지에서 K-리빙쇼어라인 실증 사업을 추진해왔다. 그리고 새롭게 시도된 그린, 블루, 소프트 리빙 실증 사업은 순항 중이다. 나는 최근 들어 K-리빙쇼어라인이야 말로 국가사업으로 발전해야 함을 역설하고 있다. 이번 사업의 성패는 과학, 공학, 그리고 정책의 소통과 연결성에 있다. 우리 국민의 관심과 응원, 그리고 국가 차원의 적극적 지원이 중단된다면 K-리빙쇼어라인도 R&D 연구의 한 사례로 추락할 것임은 자명하다. 국가적 손실이다.

과학, 정책, 그리고 언론의 삼박자

나는 지금까지 상식적 수준에서 평범한 연구자의 길을 걸어왔다. 교수자로서 학생을 가르치고 학자로서 학계에 봉사하는 일은 차치하고, 연구자로서 바다에 나가 관찰, 기록, 시료 채취, 실험, 분석, 해석이란 일련의 반복된 일을 통해 영어 논문을 완성하는 일만 줄기차게 반복해 왔다. 국제학술지 SCI 논문 게재와 국내·외 학술대회 발표로 과학자의 책무를 다했다고 착각해 왔다. 불과 3년 전까지는 그랬다.

그런데 네이버 포스트 연재를 시작으로 국내·외 언론 매체 기고와 방송 출연이 늘어났고, 〈현대해양〉에 24회 연재한 것을 바탕으로 지금 '김종성 교수의 우리바다 우리생물'이란 제목의 책을 쓰고 있다. 2023년에는 '매경춘추' 필진으로 바다를 알리기 위해 뜨거운 여름을 보냈고, 2024년에도 해양생물자원관 웹진 'MAP'에 우리나라 바다와 해양

서울대 평생교육원 바라는 바다 특강 장면

생물에 대한 글을 연재 중이다. 그사이 나는 또 다른 출판사의 요청으로 중고생을 위해 바다와 생태란 주제로 소책자 한 권을 탈고했다. 내가 왜 이렇게 지독스럽게 우리글 쓰기에 매진하게 됐는지는 중요치 않다. 누군가는 해야 하는 일이기 때문이다. 우수한 세계적 과학 논문도, 완벽하고 이상적인 정책문서도, 국민이 알고 반기고 지지하지 않는다면 휴지조각과 다름없을 것 같다.

앞으로 계획이 더 많아졌고 사뭇 구체적으로 발전했다. 상아탑을 벗어나 요즘 언론사마저 필수로 운영한다는 유튜브까지 진출하는 것도 꿈꿔본다. 우리 아이들, 미래를 짊어질 청소년이 우리 바다가 왜 특별한지, 기후변화가 얼마나 심각한지, 해양생물은 왜 아픈지, 지금 당장 우리는 무엇을 해야 하는지, 그래서 우리가 직면한 '해양위기'는 어떻게 지혜롭게 극복할 수 있을지 함께 고민해 보고 싶다. 그 답은 우리 모두에게 있을 거란 믿음을 가지고 말이다.

―――― Chapter 4. 숙제와 도전 ――――

바다로, 세계로, 미래로

　1996년 탄생한 대한민국 '바다의 날'이 2024년 5월 말일 만 29돌을 맞았다. 바다의 날은 1982년 채택, 1994년 발효된 '유엔 해양법협약'을 기념하면서 탄생했다. 1994년 미국, 1995년 일본 등이 바다의 날을 지정했고, 우리나라는 1996년 우리만의 바다의 날을 정하였다. 장보고 대사가 청해진을 설치한 날을 기념하는 의미에서 5월 말일이 바다의 날로 당첨됐다고 한다.

　나는 2023년 경주에서 열린 제28회 바다의 날 기념식에 참석하였고, 2024년에는 인천 송도 크루즈터미널에 정박된 독도함에서 제29회 바다의 날을 기념하며 열린 해군 주최의 함상토론회에 참석하였다. 바다의 날을 기념하는 행사는 해마다 커지고 있으며 그만큼 바다에 대한 대국민 인식도 크게 향상됐음은 반갑고 감사한 일이다. 공자가 말한

而立의 나이에 들어선 우리나라 바다를 돌아보고 '해양과학 대중화'란 화두에 몰입했던 지난 몇 년간의 소중한 추억과 기억을 소환해 봤다.

유엔 해양법협약에 대한 아련한 기억

유엔 해양법협약은 바다의 이용, 개발, 보호, 보전, 관리, 연구, 협력 등 제반 활동에 대한 명문화된 국제 약속으로 구속력을 갖는다. 170개국 이상이 가입한 바다와 관련한 가장 광범위한 국제협약으로 국제적인 법적 기반을 제공하고 국가 간 해양활동과 분쟁해결에 중요한 역할을 하고 있다.

학부 수업 때 유엔 해양법협약 전문을 수강생이 챕터를 나누어 요약 번역하는 숙제를 했던 기억이 난다. 11개 분야, 320조란 방대한 분량의 본문과 9개 부속서까지 포함한 전문을 거의 한 학기 내내 들여다봤던 기억이 새롭다. 당시에는 번역하는 데만 집중해서 내용 파악에는 소홀했던 것 같다. 여하간 전 인류는 바다를 지키고 가꾸고 지혜롭게 이용해서 다음 세대에 물려주기 위해 꽤 오래전부터 노력해 왔음은 자명하다.

해양과학 대중화, 어설펐던 첫 여정 '김종성의 어서오션'

나는 우연한 계기로 2019년 네이버 포스트에 '김종성의 어서오션'을 1년간 연재하게 되었다. 네이버 연재는 내게 완전히 새로운 도전이었다. 지금의 내가 우리말 글쓰기로 해양학을 대중에게 알릴 수 있는 훌륭한 계기이자 연습무대였기 때문이다. 사실 연재 제의는 기뻤지만 내심 걱정이 많아 망설였다. 당시까지만 해도 언론에 기고 글을 써본 경험은 거의 없었고, 솔직히 우리말 글쓰기는 정말 자신이 없었다. 대학 교수로서의 성과만 생각하면 영어 논문 작성 외에 한눈팔 여유가 없었던 것도 사실이다. 마침 연구년으로 호주 그리피스대에 자리를 잡고 맹그로브 생태학 연구에 빠져들면서 논문 욕심이 더 많아졌기 때문에 선뜻 내키지 않았던 것도 망설이게 된 한 이유다. 어쩌면 기초와 응용을 애매하게 아우르는 해양과학이 대중의 관심을 끌어낸다는 것이 쉽지 않을 거란 선입견이 잠깐이지만 나의 발목을 잡았다.

네이버 포스트에 연재한 '김종성의 어서오션'

그런데 사정은 바뀌었다. 주변 지인들이 영어 논문만 쓰는데 몰두해 왔던 내게 왜 연구 결과를 우리말로 우리 국민에게 알리지 않느냐는 다소 황당한 그러나 너무나 당연한 질문을 많이 해 왔다. 곰곰이 생각해봐도 뾰족한 만족스러운 답을 찾을 수 없었다. 여러 선배 중에도 당시 해양환경공단에서 정책전문가로 활약하던 손규희 박사님의 조언이 결정적이었다. 이제 논문은 천천히 쓰고, 발로 뛰고 말로 전하는 노력이 중요하다는 촌철살인 같은 조언이 있었다. 대중에게 해양학을 알리는 사람이 필요하다는 그의 메시지였고 나는 십분 공감했다. 왜 하필 "내가?"라는 생각도 잠깐 했지만 누구라도 할 수 있고 해야 한다면 못 할 이유도 안 할 명분도 없었다. 나의 의무감은 마침내 발동했다. 안식년인데 하루 정도 빼서 쓰면 될 거라고 쉽게 생각한 것만 빼면 틀린 생각이 아니었다.

그런데 막상 매달 기한을 정해 놓고 우리글을 쓴다는 것이 영어 논문을 쓰는 것보다 몇 배는 더 어려웠다. 소위 작가의 일상적 고통과 대단한 노력과 집중력을 조금이나마 이해할 수 있었다. '피할 수 없으면 즐기라'는 말 외에는 위로가 되지 않았다. 매번 어려웠지만 그래도 즐겁게 연습한다는 마음으로 원고 기한에 맞춰 겨우겨우 힘겹게 한편씩 마무리하였다.

사실 네이버 연재의 어려움은 '김종성의 어서오션'을 시작할 때 잡은 나만의 콘셉트에 있었다. '우리 자료'로 우리 바다와 우리 생물을 이야기하겠다는 '원칙'을 세웠기 때문이다. 그래서 영어로 작성했던 기출

'김종성의 어서오션' ③공생의 철학을 담은 바다생물 이야기

'김종성의 어서오션' ⑥바다의 대표 곤충 갑각류(게류)

'김종성의 어서오션' ⑧우리 땅 독도의 토종생물과 생물주권

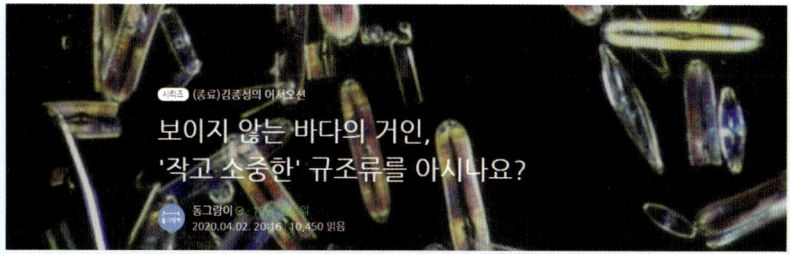

'김종성의 어서오션' ⑫보이지 않는 바다의 거인 저서규조류

판된 논문 결과를 다시 우리말로 풀어내야 했다. 물론 관련 자료와 숫자까지 재확인하는 과정은 필수였고, 국내외의 타논문과 다양한 보고서 등도 참고해서 객관성과 신뢰성을 높이는데 애를 많이 썼다. 당초 생각했던 것보다 더 많은 시간이 소요되었고, 때론 그 시간이 아깝기도 했지만, 글이 완성될 때의 뿌듯함을 또 다른 기쁨을 주었다. 지금 생각해 보면 스스로 발목을 잡았던 콘셉트였지만 다시 읽어봐도 '우리 것', 토종은 그냥 좋다.

그렇게 그간 우리 바다, 우리 생물을 연구하고 출판한 논문을 바탕으로 주제를 선정하였고, 스토리텔링 하듯 매달 한편씩 써나가며 소위 작가가 겪는 고뇌를 조금씩 이해할 수 있었다. 시간은 지나가기 마련인 듯, 2019년 4월 시작했던 '김종성의 어서오션' 연재는 2020년 4월을 끝으로 마침내 12장의 바다 이야기책으로 탄생하게 되었다.

12장을 간략히 소개하자면, 1) 갯벌과 함께 사라진 맛의 황제 '가리맛조개', 2) 해양생물 이름에 숨겨진 사연, 3) 공생의 철학을 담은 찰떡궁합 해양생물 이야기, 4) 삼면사색 우리 바다의 독특한 특성과 생물다양성, 5) 갯벌의 수호자 고둥과 조개 이야기, 6) 바다의 대표 곤충 갑각류(게류), 7) 귀염뽀짝한 갯벌의 보배 갯지렁이, 8) 우리 땅 독도의 토종생물과 생물주권, 9) 기름 유출 사고를 극복한 태안의 기적, 10) 2020년 쥐해를 맞아 소개한 바다쥐 이야기, 11) 제주 바다 물고기의 행복주택 인공어초, 그리고 마지막으로 12) 보이지 않는 바다의 거인 저서규조류 등이다.

영어 논문과 우리글 연재의 또 다른 큰 차이는 따로 있었다. 바로 조회수다. 나의 걱정은 원고를 넘기고 끝이 아니었다. 지금 고백이지만, 매달 연재 글의 조회수를 볼 때마다 가슴이 두근거렸고 걱정이 앞섰다. 당시 수십 명의 프로 작가가 함께 연재하고 있었기 때문에 조회수에 대한 부담은 상상 이상으로 컸다. 그러나 성적이 나쁘지는 않았다. 많을 때는 조회수가 수만에 이르고 호의적인 댓글도 많이 달려서 나름 보람되고 뿌듯했다. 돌이켜보니 과연 내가 지금까지 썼던 수많은 영어 논문을 과연 몇 명이나 읽었을까 생각해보면 한편 서글프다. 연재는 2020년 끝났지만, 지금도 인터넷에서 볼 수 있다.

새 도전, KBS라디오 데뷔!

내가 바다의 날을 새롭게 각인한 계기는 엉뚱하게도 2020년 5월 라디오 방송에 처음 출연하면서부터다. 2020년 5월 초 KBS라디오 「정관용의 지금 이 사람」에서 깜짝 연락이 왔다. 바다의 날을 기념해서 갯벌의 가치를 주제로 인터뷰를 요청한 것이다. 당시 연락한 작가님이 네이버 '김종성의 어서오션'을 통해 알게 되었다고 하면서 말이다. 이때 대중매체의 힘이 대단함을 새삼 느꼈다.

나는 또 망설였다. 글쓰기는 약간 자신이 붙었지만, 과학 인터뷰는 별로 해 본 적이 없었기 때문이었다. 특히 30분간 두 명이 대담 형식의 인터뷰는 처음이었다. 망설임은 또 있었으나 첫 글쓰기 연재를 수락했을 때보다는 더 빨리 결정하였다. 다행히 담당 작가는 매우 친절했고,

30분 정도의 전화 사전인터뷰를 통해 미리 대본을 만들어줬다. 총 27개의 질문과 답변이 상세히 작성된 무려 16쪽 분량의 대본이었다. 혹시 몰라서 대본을 달달 외우고, 방송국을 찾아갔다. 그리고 녹화방송이란 점도 위안이 되었다.

난생처음 라디오 방송국에 갔고, 스튜디오란 낯선 곳에 들어갔다. 외벽이 튼튼하고 방음이 완벽한 방송국 스튜디오는 사뭇 위압감을 줬다. 그러나 내부는 편안하게 세팅된 아늑한 녹음실이었다. 시사 토크 사회자로 유명한 정관용 씨와 인사를 나누고 바로 착석하여 녹음이 시작되었다.

정관용 씨의 오프닝, 그리고 내 프로필이 성우 나레이션으로 나올 때까지만 해도 차분한 분위기였다. 그런데 인사를 나누고 첫 번째 질문이 대본에 없는 내용이었다. 당황하지 않을 수 없었다. 아 처음부터 애드립인가? 그나마 질문은 '바다의 날'의 유래였고, 다행히 아는 내용이어서 어렵잖게 대답할 수 있었다. 녹음 후 다시 들어봤는데 좀 더 유창하게 답변하지 못했음이 아쉬웠다.

사실 약 30분간의 질문과 답변이 대본대로 진행되지 않았고, 순서도 뒤바뀌어 녹음 내내 긴장했던 기억이 있다. 하지만 정관용 씨의 프로다운 리드로 자연스럽게 질문과 답변이 오갔고 30분의 인터뷰는 정말 순식간에 지나갔다. 다행히 작가, PD, 사회자 모두 그럭저럭 녹음이 잘 되었다고 처음인데 잘했다고 격려해 줘서 고마웠다. 라디오 방송으로 나를 방송에 처음 데뷔시켜준 KBS 김자영 작가님이 새삼 고맙

'정관용의 지금, 이사람' 스튜디오에서 정관용 앵커(왼쪽)과 함께한 김종성 교수

다. 그리고 곧 7월에 녹화가 예정된 EBS 초대석의 앵커인 정관용 씨와의 재회도 기대된다. 아마도 나의 어설펐던 첫 라디오 녹음 이야기가 화두가 될지도 모르겠다.

Upgrade!, 대담프로그램과 예능까지

2021년 KBS 인사이드 경인의 대담프로그램 방송은 내게 또 다른 전기를 마련해줬다. KBS라디오 출연을 계기로 인연을 맺은 김자영 작가님이 인사이드 경인 프로그램을 맡으면서 오랜만에 다시 연락을 해왔다. '해양쓰레기'를 주제로 한 대담프로그램 촬영 문의였다. 라디오 출연 이후 몇 개의 다큐멘터리 인터뷰는 있었지만, TV 대담프로그램은 또 처음이었다. 1시간가량 진행하는 TV 방송이란 점이 부담스러웠고, 해양쓰레기가 나의 주 연구 분야는 아니었기에 또 망설여졌다. 그래도 해양환경 분야의 핫이슈이자 국민 모두 관심이 많은 주제라서 무작정 인터뷰에 응했다.

다행히 이번 대담프로그램은 나와 동고동락한 실험실 선배이자 사수였던 안양대 류종성 교수님과 함께여서 안심했다. 지난 20년 이상 함께 지내왔던 시절만큼 호흡이 척척 맞았고, 질문과 답변도 적절히 각자 전공과 경험에 맞게 분담해서 촬영은 무사히 마칠 수 있었다. 촬영 후, 김자영 작가님은 첫 라디오 방송 때보다 훨씬 좋다면서 나를 치켜세워주었다. 그냥 하는 말인 걸 알면서도 기분이 좋았다.

그렇게 나는 라디오, TV에 연달아 데뷔했고, 연재나 기고 글보다는 분명 파급효과가 컸다. 이후 방송 매체 인터뷰나 촬영 요청도 갑자기 늘어갔기 때문이다. 나는 지난 4년 동안 대략 50여 차례 이상 다양한 방송에 출연했다. 그중 가장 많은 요청은 역시 다큐멘터리 촬영이었다. 다큐멘터리 촬영이 좋은 점은 학교 사무실이나 연구실에서의 딱딱한 인터뷰뿐만 아니라 현장에서 학생들과 야외조사를 하고 즐겁게 연구하는 모습까지 담을 수 있기 때문이다.

그동안 수많은 촬영을 통해 우리는 생생한 바다, 갯벌 현장에서 뻘을 뒤집어쓰면서 다양한 해양생물을 채집하고, 때론 배를 타고 해수, 퇴적물, 생물 시료 등을 채취하고, 이를 실험실로 가져와서 실제 실험하는 과정까지 모두 필름에 담을 수 있었다. 우리에게는 또 다른 형태의 귀중한 기록인 셈이다. 현장 촬영은 단순히 연구 결과를 설명하는 짧은 인터뷰보다는 훨씬 역동적인 모습과 함께 대중에게 해양학을 더욱 잘 설명하고 전달할 수 있다는 점에서 매력이 큰 것 같다.

그렇게 우리 연구실은 지난 몇 년간 갯벌 생태연구, 블루카본, 해양생물다양성, 해양생태계서비스, 해양환경영향평가와 관련한 다양한 연구성과를 TV 매체를 통해 소개할 수 있었다. TV 매체나 유튜브의 파급효과가 정말 크다. 유튜브 동영상으로 소개된 영상 중에 조회수가 높은 두 개의 영상을 소개하면, 〈KBS 경인방송〉「한국 갯벌이 세계 2대 갯벌」17만 뷰, 〈샤로잡다〉「기후위기 한반도가 더 위험하다」 37만 뷰를 기록 중이다. 논문의 경우 피인용수가 그 논문의 질을 평가하는 잣대가 되는데, 동영상은 조회수가 그런 것 같다.

KBS 「이슈픽 쌤과함께」

    2022년, 또 다른 새로운 경험을 했다. SBS에서 제작한 「ECO 아일랜드, 천사도」란 에코 예능 프로그램에 유명 연예인과 함께 출연한 것이다. 지금까지와는 또 다른 차원의 재미와 매력을 경험한 소중한 기억이다. 난생처음 연예인들이 쓰는 출연계약서도 싸인해보고 거금의

(?) 출연료도 받았다. 박진희, 홍석천 등 TV에서만 보던 연예인들과 직접 호흡을 맞추면서 즐겁게 촬영했던 기억이 새롭다. 첫 예능 촬영에 어설펐던 나를 잘 이끌어주었던 두 분에게 안부와 함께 고마움을 다시 전하고 싶다.

최근 KBS「이슈픽 쌤과함께」에서 다시 만난 홍석천 씨를 비롯해서 이승현 아나운서, 슈카, 유민상, 유빈 등 유명 연예인들과의 촬영 역시 보람차고 재미있었다. 일반 대중에게 쉽게 바다의 중요성과 가치에 대해 설명하고 전달할 수 있는 기회가 점점 많아지기를 기대해본다.

바다로, 세계로, 미래로!

해양수산부는 1996년 13개 부, 처, 청별로 분산 수행하던 해양수산 업무를 통폐합하면서 발족하였다. 우리나라 바다의 날이 제정되고 시작된 첫해인 1996년과 그 역사의 궤를 함께한다. 비록 잠시 해체를 겪은 시기도 있었지만, 통합행정 30년을 바라보며 묵묵히 걸어 나가고 있다. 해양수산부는 처음 시작될 때 내세운 "바다로, 세계로, 미래로"란 비전을 실현하기 위해 노력해왔음은 분명하다.

과거 세계 5대 해양강국이란 말부터 최근 신해양강국, 초격차 해양강국이란 슬로건까지 해양에 관한 관심은 끊임없이 높아져 왔다. 신해양강국의 길은 관점과 분야에 따라 다양하고 달라질 수 있다. 해양주권과 국방, 조선과 해운산업, 물류와 항만, 북극항로 개발, 해양자원 개발, 수산업과 양식업, 해양환경과 기후대응, 그 밖의 해양신산업 등 매우 다양한 분야에서 끊임없는 노력과 글로벌 리더십이 요구된다. 그리고 그 대전제에는 국민이 있고, 국민의 바다에 관한 관심, 이해, 그리고 지원이 그 무엇보다 중요할 것 같다.

바다의 날을 맞아, '바다로', '세계로' 전진하는 해양수산부가 '미래로'란 최고 가치의 비전을 담보하는 명실상부 세계 최고의 해양수산 강국 실현의 주인공이 되기를 해양수산人 그리고 국민의 한 사람으로서 늘 응원하고 지지한다.

김종성 교수의 우리 바다 우리 생물

초판2쇄인쇄일	2025. 3. 20.
초판2쇄발행일	2025. 3. 25.
지 은 이	김종성
발 행 인	송영택
편 집	박종면
발 행 처	㈜베토, 현대해양
소 재 지	서울특별시 종로구 창경궁로 240-7, 에이엔에이타워 4층
전 화	02)2269-6114
홈 페 이 지	www.hdhy.co.kr
정 가	20,000원
I S B N	979-11-966966-8-9

―――――

이 책은 저작권법에 의해 보호를 받는 저작물이므로 어떤 형태의 무단전재나 복제를 금합니다.